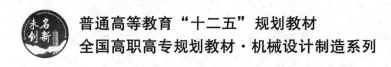
普通高等教育"十二五"规划教材

全国高职高专规划教材·机械设计制造系列

塑料成型工艺与模具设计

主　编　马光全

参　编　贺　剑　赵裕明　靳丽梅

北京大学出版社

PEKING UNIVERSITY PRESS

内 容 简 介

本书主要内容包括塑料基本知识、塑件制品设计、塑料成型方法、注塑成型工艺及工艺制定、注塑模具基本结构、注塑模具基本结构设计等，较为详细地介绍了注塑模具模架、热流道模具设计。本书的特点是突出应用，强调为塑料成型工艺制定和塑料模具设计服务。书中对塑料模具的各结构设计原则阐述详细、参数确定方法周全及参数选取表格齐全，是一本集理论阐述与工具书于一体的教材。

本书适合高职高专模具设计与制造专业、成人高校及本科高校设立的二级职业技术学院的模具专业、民办高校开设的材料成型专业使用，也可供机械行业其他专业选用，还可以作为模具设计培训使用和模具企业有关工程人员模具设计入门使用。

图书在版编目(CIP)数据

塑料成型工艺与模具设计/马光全主编. —北京：北京大学出版社，2013.1
（全国高职高专规划教材·机械设计制造系列）
ISBN 978-7-301-21972-0

Ⅰ.①塑… Ⅱ.①马… Ⅲ.①塑料成型—工艺—高等职业教育—教材 ②塑料模具—设计—高等职业教育—教材 Ⅳ.①TQ320.66

中国版本图书馆 CIP 数据核字（2013）第 01211 号

书　　　　名：塑料成型工艺与模具设计
著作责任者：马光全　主编
策 划 编 辑：温丹丹
责 任 编 辑：温丹丹
标 准 书 号：ISBN 978-7-301-21972-0/TH·0330
出 版 发 行：北京大学出版社
地　　　　址：北京市海淀区成府路 205 号　100871
电　　　　话：邮购部 62752015　发行部 62750672　编辑部 62765126　出版部 62754962
网　　　　址：http://www.pup.cn　新浪官方微博：@北京大学出版社
电 子 信 箱：zyjy@pup.cn
印 刷 者：北京飞达印刷有限责任公司
经 销 者：新华书店
　　　　　　787 毫米×1092 毫米　16 开本　14 印张　348 千字
　　　　　　2013 年 1 月第 1 版　2013 年 1 月第 1 次印刷
定　　　　价：28.00 元

未经许可，不得以任何方式复制或抄袭本书之部分或全部内容。

版权所有，侵权必究

举报电话：010-62752024　电子信箱：fd@pup.pku.edu.cn

前　言

1. 模具

模具是工业产品生产用的工艺装备，主要应用于制造业和加工业。它是和冲压、铸造、锻造，以及和塑料、橡胶、陶瓷等非金属制品成型加工用的成型机械相配套，作为成型工具来使用的。

2. 模具工业在国民经济中的地位

模具是工业生产的基础工艺装备。工业产品大批量生产和新产品开发都离不开模具，在电子、汽车、电机、电器、仪器、仪表、家电和通信等产品中，60%～90%的零部件，都要依靠模具成型。用模具生产制件所达到的四高二低（高精度、高复杂程度、高一致性、高生产率和低耗能、低耗材）是其他加工制造方法所不能比拟的。模具又是"效益放大器"，用模具生产的最终产品的价值，往往是模具自身价值的几十倍，甚至几百倍。模具生产技术水平的高低，已成为衡量一个国家产品制造水平高低的重要标志，在很大程度上决定着产品的质量、效益和新产品的开发能力。

3. 模具的分类

总体来说，模具可分为3大类：金属板材成型模具，如冲模等；金属体积成型模具，如锻模、压铸模等；非金属材料制品用成型模具，如塑料注射模和压缩模，橡胶制品、玻璃制品、陶瓷制品等成型模具。本书主要讲述塑料注射模具设计。

4. 中国模具状况与问题

与国民经济发展的需求、世界先进水平相比，中国的模具差距仍很大。一些大型、精密、复杂、长寿命的中高档模具每年仍需大量进口。在总量供不应求的同时，一些低档模具却供过于求，市场竞争激烈，还有一些技术含量不太高的中档模具也有供过于求的趋势。

5. 塑料模具的发展展望

下列几方面发展趋势预计会在行业中得到较快应用和推广。

（1）超大型、超精密、长寿命、高效模具将得到发展。

（2）多种材质、多种颜色、多层多腔、多种成型方法一体化的模具将得到发展。

（3）为各种快速经济模具，特别是与快速成型技术相结合的 RP/RT 技术将得到快速发展。

（4）模具设计、加工及各种管理将向数字化、信息化方向发展，CAD/CAE/CAM/CAPP 及 PDM/PLM/ERP 等将向智慧化、集成化和网络化方向发展。

（5）更高速、更高精度、更加智慧化的各种模具加工设备将进一步得到发展和推广应用。

（6）更高性能及满足特殊用途的模具新材料将会不断发展，随之将产生一些特殊的和更为先进的加工方法。

（7）各种模具型腔表面处理技术，如涂覆、修补、研磨和抛光等新工艺也会不断得到发展。

（8）逆向工程、并行工程、复合加工乃至虚拟技术将进一步得到发展。

（9）热流道技术将会迅速发展，气辅和其他注射成型工艺及模具也将会有所发展。

（10）模具标准化程度将不断提高。

（11）在可持续发展和绿色产品被日益重视的今天，"绿色模具"的概念已逐渐被提到议事日程上来。即今后的模具，从结构设计、原材料选用、制造工艺、模具修复和报废以及模具的回收利用等方面，都将越来越多地考虑其节约资源、重复使用、利于环保以及可持续发展这一趋向。

6. 本课程内容、性质与任务

"塑料成型工艺与模具设计"课程是模具设计与制造专业的专业核心课程。

本课程的内容主要包括塑料成型基础知识、塑料成型的注射成型方法、注射成型工艺、注射成型模具结构与注射模具设计及其他塑料成型方法。

本课程的任务是掌握塑料成型基础知识，塑料成型的注射成型方法、注射成型工艺、注射成型模具结构及其他塑料成型方法等，并能进行塑件工艺分析和设计简单注射模具。

塑料成型模具的80%是注射模，鉴于学时的因素和抓住主要矛盾的原则，所以本书主要内容是注射模具设计，其他成型方法只是简单介绍。

参与本书编写的人员具体分工如下：丽水职业技术学院靳丽梅编写第1、2、3章，丽水职业技术学院马光全编写第4、5、6、7、10、11、13章，黑龙江农业经济职业学院赵裕明编写第8、9、12章，随州职业技术学院贺剑编写第14、15、16章，马光全任主编并对全书进行统稿。

在编写过程中参考和借鉴了众多资料，在此向资料作者表示真诚的谢意。

编　者

2013 年 1 月

本教材配有教学课件，如有老师需要，请加 QQ 群（279806670）或发电子邮件至 zyjy@pup.cn 索取，也可致电北京大学出版社：010-62765126。

目　　录

第1章　塑料原材料选择与分析 ……………………………………………… 1
　1.1　塑料的基本组成和分类 ……………………………………………… 1
　1.2　塑料的成型工艺特性 ………………………………………………… 4
　1.3　常用热塑性塑料的性能与应用 ……………………………………… 11
　1.4　习题 …………………………………………………………………… 16
第2章　塑料注射成型工艺 …………………………………………………… 18
　2.1　注射成型原理与工艺 ………………………………………………… 18
　2.2　注射成型工艺的参数 ………………………………………………… 23
　2.3　注射成型工艺参数对塑件质量的影响因素 ………………………… 26
　2.4　塑件成型工艺卡的制定 ……………………………………………… 27
　2.5　习题 …………………………………………………………………… 29
第3章　塑料制件设计 ………………………………………………………… 30
　3.1　塑件设计的基本原则 ………………………………………………… 30
　3.2　塑件的尺寸和精度 …………………………………………………… 30
　3.3　塑件表面粗糙度及表观质量 ………………………………………… 33
　3.4　塑件制品的形状和结构设计 ………………………………………… 34
　3.5　齿轮设计 ……………………………………………………………… 51
　3.6　习题 …………………………………………………………………… 52
第4章　注射成型设备选择 …………………………………………………… 54
　4.1　注射机的结构 ………………………………………………………… 54
　4.2　注射机的分类 ………………………………………………………… 56
　4.3　注射机的规格型号 …………………………………………………… 58
　4.4　注射机的选用和注射模的关系 ……………………………………… 60
　4.5　习题 …………………………………………………………………… 66
第5章　注射成型模具结构 …………………………………………………… 68
　5.1　注射模具的组成和分类 ……………………………………………… 68
　5.2　典型注射模具结构 …………………………………………………… 70
　5.3　习题 …………………………………………………………………… 74
第6章　分型面及型腔数量确定 ……………………………………………… 75
　6.1　分型面设计 …………………………………………………………… 75
　6.2　型腔数目的确定 ……………………………………………………… 79
　6.3　习题 …………………………………………………………………… 80
第7章　注射模具成型零部件设计 …………………………………………… 82
　7.1　型腔的结构 …………………………………………………………… 82

7.2　型芯的结构 ……………………………………………………………… 84
7.3　成型零部件工作尺寸的计算 …………………………………………… 85
7.4　成型型腔壁厚的计算 …………………………………………………… 93
7.5　习题 ……………………………………………………………………… 95
第 8 章　浇注系统设计 ……………………………………………………… 96
8.1　概述 ……………………………………………………………………… 96
8.2　主流道设计 ……………………………………………………………… 97
8.3　分流道设计 ……………………………………………………………… 98
8.4　浇口设计 ………………………………………………………………… 102
8.5　冷料穴及拉料杆设计 …………………………………………………… 110
8.6　习题 ……………………………………………………………………… 113
第 9 章　排气与引气系统设计 ……………………………………………… 114
9.1　排气系统设计 …………………………………………………………… 114
9.2　引气系统设计 …………………………………………………………… 116
9.3　习题 ……………………………………………………………………… 116
第 10 章　推出机构设计 …………………………………………………… 118
10.1　概述 …………………………………………………………………… 118
10.2　一次推出机构设计 …………………………………………………… 119
10.3　二次推出机构设计 …………………………………………………… 126
10.4　浇注系统凝料的脱出和自动脱落机构 ……………………………… 128
10.5　塑件螺纹的推出机构 ………………………………………………… 131
10.6　习题 …………………………………………………………………… 134
第 11 章　模架的选取与模具标准件 ……………………………………… 136
11.1　模架 …………………………………………………………………… 136
11.2　模具标准件设计 ……………………………………………………… 145
11.3　习题 …………………………………………………………………… 152
第 12 章　注射模具温度控制系统设计 …………………………………… 153
12.1　冷却系统的设计 ……………………………………………………… 153
12.2　冷却系统元件 ………………………………………………………… 157
12.3　模具的加热装置 ……………………………………………………… 158
12.4　习题 …………………………………………………………………… 159
第 13 章　注射模具侧向分型与抽芯机构设计 …………………………… 160
13.1　侧向分型与抽芯机构的种类 ………………………………………… 160
13.2　斜导柱侧向分型与抽芯机构 ………………………………………… 162
13.3　弯销侧向抽芯机构 …………………………………………………… 172
13.4　斜滑块侧向分型与抽芯机构 ………………………………………… 173
13.5　齿轮齿条侧向分型与抽芯机构 ……………………………………… 178
13.6　习题 …………………………………………………………………… 179
第 14 章　热流道模具 ……………………………………………………… 180
14.1　概述 …………………………………………………………………… 180

14.2　热流道模具的结构形式 ···································· 181

14.3　热流道系统的组成 ··· 188

14.4　习题 ··· 190

第 15 章　导向机构设计 ······································· 191

15.1　导柱导向机构 ··· 191

15.2　锥面和合模销定位机构 ··································· 194

15.3　习题 ··· 195

第 16 章　其他塑料成型方法简介 ····················· 196

16.1　压缩成型工艺与原理 ······································ 196

16.2　压注成型原理与工艺 ······································ 203

16.3　挤出成型工艺 ··· 206

16.4　习题 ··· 213

参考文献 ··· 214

第 1 章　塑料原材料选择与分析

1.1　塑料的基本组成和分类

1.1.1　塑料的概念

塑料是一类具有可塑性的合成高分子材料。它与合成橡胶、合成纤维形成了当今日常生活不可缺少的三大合成材料。具体地说，塑料是以合成树脂为主要成分，在一定温度和压力等条件下可以塑制成一定形状、在常温下保持形状不变的材料。

塑料是以合成树脂（高分子聚合物）为主要原料，加入必要的添加剂，在一定的温度和压力条件下，可以利用模具塑制而成具有一定几何形状和尺寸的制件的材料。塑料的主要成分是树脂；塑料的性质主要由树脂决定。为了满足各种实际应用的要求，往往要加入必要（不是必须）的添加剂，以改善性能，塑料中常用到的添加剂如下。

1. 填充剂

填充剂又称填料，是塑料中重要的但并非每种塑料必不可少的成分。填充剂与塑料中的其他成分机械混合，它们之间不起化学反应，但与树脂牢固胶黏在一起。

填充剂在塑料中的作用有两个：一是改善塑料的强度、刚性、抗冲击韧性、耐热性等物理、机械性能；二是减少树脂用量，降低塑料成本。一般选用碳纤维、玻璃纤维、石墨、云母、辉绿岩粉、木粉和金属粉等。所用质量分数一般在20%～30%。

2. 稳定剂

为了防止或抑制塑料在成型、储存和使用过程中，因受外界因素（如热、光、氧、射线、真菌等）作用所引起的性能变化，即所谓"老化"，常常在树脂中添加一些能稳定其化学性质的物质，这些物质称为稳定剂。稳定剂的加入量较少，一般为0.3%～0.5%，但作用大。

对稳定剂的要求：对聚合物的稳定效果好，能耐水、耐油、耐化学药品腐蚀，并与树脂有很好的相溶性，在成型过程中不分解、挥发小、无色。

稳定剂可分为热稳定剂、光稳定剂、抗氧化剂等。常用的稳定剂有硬脂酸盐类、铅的化合物、环氧化合物等。

3. 增塑剂

有些树脂的可塑性很小，柔软性也很差，为了降低树脂的熔融温度和熔融黏度，改善其成型加工性能，改进塑件的柔韧性以及其他各种必要的性能，需要加入能与树脂相溶的、不易挥发的高沸点有机化合物，这类物质称为增塑剂。

添加增塑剂会降低塑料的机械强度、稳定性等，因此大部分塑料不添加增塑剂。需要加入增塑剂的塑料主要有硝酸纤维、醋酸纤维、聚氯乙烯等。

4. 着色剂

着色剂可改变塑料制品的色泽。着色剂品种大体分为有机颜料、无机颜料和染料三大类。着色剂的加入量一般为 0.01%~0.02%。

5. 润滑剂

润滑剂用以提高树脂的流动性、减少摩擦，防止塑料在加工过程中黏附于模具和设备上，以便于脱模，使制品的表面光洁。润滑剂的用量为 0.5%~1%。

添加剂除上述外，还有发泡剂、防静电剂、阻燃剂、导电剂、导磁剂等。

1.1.2　塑料的分类

塑料的品种较多，分类的方式也很多，常用的分类方法有以下两种。

1. 根据塑料中树脂的分子结构和热性能分类

可将塑料分成两大类：热塑性塑料和热固性塑料。

（1）热塑性塑料

热塑性塑料中树脂的分子结构是线型或支链型结构。它在受热时变软或熔化，成为可流动的稳定黏性液体，在此状态下具有可塑性，可成型一定形状的塑件，冷却后保持已定型的形状。再加热，可软化熔融，可再次制成一定形状的塑件。在该过程中只有物理变化而无化学变化，其过程是可逆的。在塑料加工中产生的边角料及废品可以回收粉碎成颗粒后重新利用。

（2）热固性塑料

热固塑料在受热之初分子为线型结构，具有可塑性和可溶性，可成型为一定形状的塑件。当继续加热时，线型高聚物分子主链间形成化学键结合（即交联），分子最终形成体型结构，变得既不熔融，也不溶解。再加热，即使烧焦也不会再软化，不再具有可塑性。热固塑料在成型过程中，既有物理变化又有化学变化，不可逆。由于热固性塑料上述特性，故在加工中的边角料和废品不可回收再生利用。

2. 根据塑料应用范围分类

（1）通用塑料

通用塑料是指产量大、用途广、价格低的塑料。通用塑料主要包括聚乙烯、聚丙烯、聚氯乙烯、聚苯乙烯、酚醛塑料和氨基塑料六大品种，这些塑料的产量占塑料总产量的一半以上，构成了塑料工业的主体。

（2）工程塑料

工程塑料是指在工程技术中用作结构材料的塑料。具有较高的机械强度、很好的耐磨性、耐腐蚀性、自润滑性及尺寸稳定性等。工程塑料具有某些金属特性，因而可以代替金属制作某些机械零件。

目前常用的工程塑料包括聚酰胺（PA）、聚甲醛（POM）、聚砜（PSF）、聚碳酸酯（PC）、ABS、聚苯醚（PPO）、聚四氟乙烯（PTFE）等。

（3）特殊塑料

特殊塑料是指具有某些特殊性能的塑料。常见的特殊塑料有氟塑料、聚酰亚胺塑料、有机硅树脂、环氧树脂、导磁塑料、导电塑料、导热塑料以及为某些专门用途而改性制得的塑料。

1.1.3　塑料的性能

塑料与其他材料相比较，有以下几方面的性能特点。

（1）密度小，比强度和比刚度高，大多数塑料密度为 $1.0 \sim 1.4\,\mathrm{g/cm^3}$。车辆、飞机、航天器使用塑料零件，对减小质量、节省消耗具有重要的意义。

（2）化学稳定性好，耐酸、耐碱。

（3）电绝缘性能、绝热性能、隔音性能好。

（4）耐磨和自润滑性好。

（5）成型性能好。

（6）耐热性较差，一般塑料的工作温度仅 100°C 左右，否则会降解、老化。

（7）导热性较差，所以不能用在要求导热性好的场合。

（8）易老化，对于使用寿命较长的场合，宜选用金属件。

1.1.4　塑料的热力学性能

塑料的物理、力学性能与温度密切相关，温度变化时，塑料的受力行为发生变化，呈现出不同的物理状态，表现出分阶段的力学性能特点。塑料在受热时的物理状态和力学性能对塑料的成型加工有着非常重要的意义。

聚合物的物理、化学性能与温度密切相关，在温度变化时树脂聚合物所处的力学状态也必然随之发生变化。

热塑性塑料在受热时常存在的物理状态为玻璃态、高弹态和黏流态，如图 1-1 所示。线型无定型聚合物（曲线 1）和线型结晶型聚合物（曲线 2）受恒压时变形程度与温度关系的曲线，也称热力学曲线。

1. 玻璃态

塑料处于温度 θ_{g} 以下的状态，为坚硬的固体，是大多数塑件的使用状态。θ_{g} 称为玻璃态化温度，是塑料使用温度的上限。θ_{b} 是塑料的脆化温度，是塑料使用温度的下限。玻璃态下聚合物只适用于车削、锉削、钻孔、螺纹加工等机械加工。

2. 高弹态

θ_{f} 称为黏流化温度，塑料在 $\theta_{\mathrm{g}} \sim \theta_{\mathrm{f}}$ 温度区间内呈高弹态。处于这一状态的塑料类似橡胶状态的弹性体，仍具有可逆的形变性质。

高弹态塑料在外力作用下，变形能力很大，伸长率为 100%～1 000%。常温下高弹态的材料为橡胶。

塑料在高弹态下可进行的成型加工有压延成型、中空吹塑成型等。

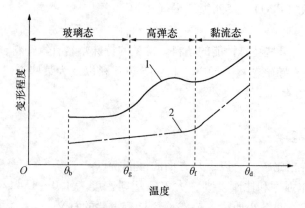

图 1-1　热塑性塑料的三态

1—线型无定型聚合物　　2—完全线型结晶型聚合物

θ_b—聚合物的脆化温度，是聚合物保持高分子力学特性的最低温度

θ_g—玻璃化温度，是聚合物从玻璃态转变为高弹态（或相反）的临界温度

θ_f—黏流化温度，是无定型聚合物从高弹态转变为黏流态（或相反）的临界温度

θ_d—热分解温度，是聚合物在加热到一定温度时高分子主链发生断裂开始分解的临界温度

3. 黏流态

塑料在 $\theta_f \sim \theta_d$ 温度区间内是黏流态。当塑料聚合物继续加热温度至 θ_d 时，聚合物开始降解，θ_d 称为热降解温度，是聚合物在高温下开始降解的临界温度。降解后的塑料制件的外观质量和力学性能显著降低。因此塑料在成型时的加热温度应低于降解温度。

塑料进入黏流态变成可流动黏流液体，通常我们也称之为熔体。塑料在这种状态下的变形不具可逆性质，一经成型和冷却后，其形状永远保持下来。

塑料在黏流态下可进行的成型加工有挤出成型、薄膜吹塑、注塑、熔融纺丝等。

1.2　塑料的成型工艺特性

1.2.1　热塑性塑料的成型工艺特性

1. 收缩性

塑件从模具中取出冷却到室温后，塑件各部分尺寸都比在模具时的尺寸有所缩小，这种特性称为收缩性。塑件成型收缩值可用收缩率来表示，计算公式如下：

$$S' = \frac{L_c - L_s}{L_s} \times 100\%$$

　　　　　　　　　　　　　　　　　　　　　　　　　　　　　　（1-1）

$$S = \frac{L_m - L_s}{L_s} \times 100\% \tag{1-2}$$

式中　　S' ——实际收缩率；

　　　　S ——计算收缩率；

　　　　L_c ——塑件在成型温度时的尺寸；

　　　　L_s ——塑件在室温时的尺寸；

　　　　L_m ——模具在室温时的尺寸。

因为实际收缩率与计算收缩率数值相差很小，所以模具设计时常以计算收缩率为设计参数，来计算型腔及型芯等的尺寸。

影响收缩率变化的因素很多，影响收缩率的主要因素包括以下几种。

（1）塑料品种。在塑料成型时，收缩率不仅因塑料品种不同而不同，即使是同一品种塑料的不同批号，或同一塑件的不同部位的收缩率也经常不同。结晶型塑料，结晶度高，体积变化大，收缩率高。

（2）塑件结构。塑件的形状、尺寸、壁厚、有无嵌件、嵌件数量及布局等，对收缩率值有很大影响，塑件壁厚则收缩率大，形状复杂、壁薄、有嵌件、嵌件数量多则收缩率小。

（3）模具结构。模具的分型面、加压方向、浇注系统形式、布局及尺寸、保压补缩作用等对收缩率及方向性影响也很大，尤其是挤出成型和注射成型更为明显。

（4）成型工艺。成型方法对收缩率的影响很大，挤出成型和注射成型一般收缩率较大，方向性也很明显，压注、压缩成型收缩率较小。成型温度、成型压力、保压时间等对收缩率及方向性都有较大影响。模具温度高，收缩率大；成型压力高、时间长的塑件收缩率小，但方向性大；料温高则收缩率大，但方向性小。

模具设计时应根据以上因素综合考虑选择塑料的收缩率，对精度要求高的塑件应选取收缩率波动范围小的塑料，可以先选择较小的收缩率，以便有试模后修正的余地。

2. 流动性

在成型过程中，塑料熔体在一定的温度、压力下填充模具型腔的能力称为塑料的流动性。流动性差的塑料，不易充满型腔，易产生缺料或熔接痕等缺陷，因此需要较大的成型压力才能成型。流动性好的塑料，可以用较小的成型压力充满型腔。如果流动性太好，会在成型时产生严重的溢边。具有线型分子而没有或很少有交联结构的树脂流动性大。如果塑料中加入填料，会降低树脂的流动性，而加入增塑剂或润滑剂，则可增加塑料的流动性。聚合物在加工过程中具有的流动和形变均是由外力作用的结果。

（1）影响塑料填充能力的主要因素

① 温度。料温高，流动填充能力好，但不同塑料各有差异。聚苯乙烯、ABS、聚丙烯、聚酰胺、聚甲基丙烯酸甲酯、AS、聚碳酸酯、醋酸纤维素等塑料流动填充能力随温度变化的影响较大；而聚乙烯、聚甲醛的流动填充能力受温度变化的影响较小。

② 压力。注射压力增大，则熔料受剪切作用大，流动填充能力也增大，尤其是聚乙烯、聚甲醛较为敏感。

③ 模具结构。浇注系统的形式、尺寸、布置（如型腔表面粗糙度、流道截面尺寸、型腔形式、排气系统）、冷却系统设计等因素都直接影响熔料的流动填充能力。

④ 塑件的结构。塑件合理的结构设计也可以改善流动填充能力，例如在流道和塑件的拐角处采用圆角结构、加强筋的方向与料流方向一致等可以改善熔体的流动填充能力。

（2）热塑性塑料流动性指标

热塑性塑料流动性可用相对分子质量大小、熔体指数、螺旋线长度、表观黏度及流动比（流程长/塑件壁厚）等一系列参数进行分析，相对分子质量小、熔体指数高、螺旋线长度长、表观黏度小、流动比大的则流动性好。

3. 相容性

相容性又俗称共混性，是指两种或两种以上不同品种的塑料，在熔融状态下不产生相分离现象的能力。如果两种塑料不相容，则混熔时制件会出现分层、脱皮等表面缺陷。分子结构相似者较易相容，例如高压聚乙烯、低压聚乙烯、聚丙烯彼此之间的混熔等；分子结构不同时较难相容，例如聚乙烯和聚苯乙烯之间的混熔。通过塑料的这一性质，可以得到类似共聚物的综合性能，是改进塑料性能的重要途径之一。

4. 吸湿性

吸湿性是指塑料对水分的亲疏程度。据此塑料大致可分为两类：一类是具有吸湿或黏附水分倾向的塑料，如聚酰胺、ABS、聚碳酸酯、聚砜等；另一类是既不吸湿也不易黏附水分的塑料，如聚丙烯、聚乙烯、聚甲醛等。

具有吸湿性的塑料，需要成型前进行干燥，使水分控制在 0.2%～0.5% 以下，如成型前水分未去除，在成型过程中，水分在成型设备的高温料筒中变为气体并促使塑料发生水解，成型后塑料出现气泡、银丝与斑纹等缺陷。

5. 降解和热敏性

（1）降解。降解是指聚合物在受热、受力、氧化、水、光等的作用下发生的大分子链断裂及相对分子质量降低的现象。按照产生降解的条件不同，降解分为热降解、水降解、氧化降解、应力降解等。轻度降解会使聚合物变色，使制品出现气泡和流纹弊病，降低材料的物理性能、力学性能；严重的降解会使聚合物焦化变黑并产生大量的分解物质。

（2）热敏性。热敏性是指某些热稳定性差的塑料，在高温或受热时间长的情况下就会产生降解、分解、变色的特性，热敏性很强的塑料称为热敏性塑料，如硬聚氯乙烯、聚三氟氯乙烯、聚甲醛等。

热敏性塑料产生分解、变色不但影响塑料的性能，而且分解出气体或固体。分解物气体有时对人体、设备和模具都有损害，有的分解产物往往又是该塑料分解的催化剂，如聚氯乙烯分解产物氯化氢，能促使聚氯乙烯分解进一步加剧。

综上所述，可选用螺杆式注射机，增大浇注系统截面尺寸，不允许有死角滞料，模具和料筒镀铬，严格控制成型温度、模温、加热时间、螺杆转速及背压等，避免气体的危害；还可在热敏性塑料中加入稳定剂，以减弱热敏性能。

表 1-1 列出了常用聚合物的加工温度和分解温度。

表 1-1　常用聚合物的加工温度和分解温度（℃）

聚合物	热分解温度	加工温度	聚合物	热分解温度	加工温度
聚苯乙烯	310	170～250	聚乙烯（高密度）	320	220～280
聚氯乙烯	170	150～170	聚苯烯	300	200～300
聚甲基丙烯酸甲酯	280	180～240	聚对苯二甲酸乙二酯	380	260～280
聚碳酸酯	380	270～320	聚酰胺 6	360	230～290
氯化聚醚	290	180～270	聚甲醛	220～240	195～220

6. 取向性

在应力作用下，聚合物分子链或纤维填料顺着应力（流动）方向作平行排列的现象称为取向。取向分为拉伸取向和流动取向两种。取向后的塑件呈现明显各向异性，即在取向方向上力学性能显著提高。而垂直于取向方向的力学性能明显下降。在这两个方向上，收缩率也明显不同，取向方向的收缩率增加，垂直于取向方向的线膨胀系数比取向方向大 3 倍左右。

因为取向塑件呈现的各向异性，尤其是收缩率的不同，使塑件产生翘曲变形，甚至在垂直取向方向产生裂纹。因此一般应尽量避免或减少取向的发生。

成型过程中聚合物分子的取向程度不仅与塑料的类别、塑件的厚度有关，还与注射工艺条件及模具的浇口设计密切相关。表 1-2 列出了注射工艺条件及模具的浇口对分子取向程度的影响。

表 1-2　注射工艺条件及模具的浇口对分子取向程度的影响

影响因素		取向程度	
		增大	减小
成型条件	物料温度	冷	热
	充模速度	慢	快
	注射压力	高	低
	充模时间	长	短
	模具温度	冷	热
	塑件冷却速度	快	慢
模具浇口	浇口位置选择	选较薄处	选较厚处
	浇口截面积大小	大	小

7. 熔体破裂和鲨鱼皮症

聚合物熔体在加工温度下通过喷嘴孔时，挤出物具有光滑的表面和均匀的形状，但其剪切速率达到一定值后，挤出的熔体表面发生明显的横向凹凸不平或外形畸变，随着剪切速率的增大，挤出的熔体越来越粗糙，甚至不能成流、断裂的现象称为熔体破裂。熔体破裂会影响塑件的性能和外观质量。

剪切速率是指流体的流动速相对圆流道半径的变化速率，其计算公式为剪切速率＝流速差/所取两液面的高度差。

鲨鱼皮症是发生在挤出物表面上的一种缺陷，其特点是在挤出物表面上形成很多与流动方向垂直的具有规则和相当间距的细微棱脊，类似于鲨鱼皮。随不稳定流动程度的差异，这些形状从人字形、鱼鳞状至鲨鱼皮状，或密或疏不等。

所以过分提高挤出速度会使塑件外观和内在质量均受到不良的影响。减少或消除的方法是可适当增加喷嘴、浇口的截面积，提高熔体温度、降低注射速度等。

8. 应力开裂

聚合物在成型时容易产生内应力，成型后容易在塑件中形成残余应力，在不大的外力或在溶剂作用下容易发生开裂。这种现象称为应力开裂，如聚碳酸酯、聚苯乙烯、聚砜等成型后极易发生开裂。为防止应力开裂，成型时采取一些方法来降低内应力，例如在塑料中可加入增强材料以提高塑件的抗裂性；可以从塑件的工艺性和模具结构方面考虑，如设计合理的塑件形状并尽量不设置嵌件；对物料进行干燥处理并选择合适的工艺条件，以减小残余应力和增加抗裂性；采用较大的脱模斜度、合理布置浇口位置和顶出零件位置等。此外，对塑件进行退火热处理可以消除残余应力，也能提高它的抗裂能力。必要时可以注明塑件使用要求。禁止与溶剂接触，以免发生不正常的应力开裂。

9. 聚合物成型过程中的结晶

（1）聚合物的结晶

聚合物的结晶是指聚合物由熔融状态到冷凝的过程中，分子由无次序的自由运动状态逐渐排列成为规则排列的一种现象。由于聚合物结晶的复杂性，在结晶聚合物中通常总是包含晶区和非晶区两个部分，所以聚合物不能完全结晶，衡量结晶程度和能力的物理量采用结晶度来表示，即不完全结晶的聚合物中晶区所占的质量（或体积）百分数，如图 1-2 所示。

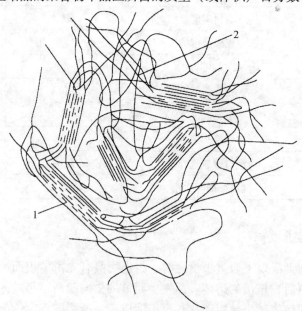

图 1-2　结晶型聚合物结构示意图

1—晶区　　　2—非晶区

（2）影响结晶的因素

① 温度。熔体温度越高，在这种温度下保持的时间越长，结晶度越低。因此，注射成型时应采用较低的模温和较短的注射时间，以利提高结晶速率，从而提高塑件的某些力学性能。

冷却速度增大，结晶度减小，塑件密度也随之减小。因此应根据聚合物结晶参数选择模温和冷却速度，使结晶度尽可能达到最接近平衡值，从而获得最佳塑件性能。

② 压力和切应力。压力增大使聚合物能在高于正常情况下的熔化温度发生结晶，压力越高，结晶温度也越高。当熔体受很大切应力作用时可产生均匀的微晶结构。剪切造成的分子取向也可大大加速结晶过程。

③ 分子结构。聚合物分子结构越简单、越规整，则结晶越快，结晶程度越高，同一种聚合物的最大结晶速率随相对分子质量的增大而减小。

④ 添加剂。聚合物中的固体杂质、水分和添加剂对聚合物的结晶过程将产生影响，有的添加剂能促进结晶，有的阻碍结晶。在塑件生产中，常常主动采用具有促进结晶过程的添加剂，使其起到异质生核的作用。结晶速度加快，晶粒尺寸变小，从而改善了塑件的性能。

⑤ 热处理（退火）。热处理能够使结晶聚合物的结晶度增加，不稳定的结晶结构转变为稳定的结晶结构。

（3）结晶对塑件性能的影响

① 密度。结晶过程中结晶聚合物分子链敛集作用使聚合物的体积收缩，分子间作用力强，所以密度将随结晶区的增大而增加。

② 力学性能。由于结晶后聚合物大分子之间作用力加强，使得晶态聚合物的某些物理力学性能（如弹性模量、硬度、屈服强度等）随着结晶度的增加而升高；而聚合物的抗冲击强度和断裂伸长率则随结晶度的增加而降低。结晶度增大，还会使材料变脆。

③ 热性能。结晶有助于提高聚合物的软化温度和热变形温度。例如，结晶度为 70% 的聚丙烯，受载荷作用的热变形温度为 124.9℃；而结晶度提高到 95% 时，热变形温度可升至 151.1℃。

④ 翘曲。聚合物在模内冷却时，由于冷却速度不均匀，造成各个部分的结晶度不等、收缩不均、产生较高内应力而引起翘曲，所以结晶型塑料比无定型聚合物更易翘曲。

⑤ 表面粗糙度和透明度。结晶后的分子链规整排列，增加聚合物组织结构的致密性，表面粗糙度会降低，但透明度减小或丧失。

1.2.2　热固性塑料的成型工艺特性

热固性塑料的工艺性能不同于热塑性塑料，其主要性能指标有收缩率、流动性、水分及挥发物含量、比体积（比容）及压缩率与固化速度等。

1. 收缩率

同热塑性塑料一样，热固性塑料经成型冷却也会发生尺寸收缩，其收缩率的计算方法与热塑性塑料相同。产生收缩的主要原因有以下几个。

（1）热收缩。热收缩是由于热胀冷缩而使塑件成型冷却后所产生的收缩。虽然模具也存在热胀冷缩，但是模具钢材的收缩率远小于塑料的收缩率，所以模具的尺寸要大于塑件的尺寸。热收缩的大小与模具的温度成正比，是成型收缩中主要的收缩因素。

（2）结构变化引起的收缩。热固性塑料在成型过程中，发生了交联反应，分子结构由线型结构变为网状结构，由于分子链间距的缩小，结构变得紧密，引起体积收缩。

（3）弹性恢复。塑件从模具中取出后，作用在塑件上的压力消失，产生一定的弹性恢复，会造成塑件体积的膨胀。在成型以玻璃纤维和布质为填料的热固性塑料时，这种情况尤为明显。

（4）塑性变形。塑件脱模时，成型压力迅速降低，但模壁紧压在塑件的周围，使其产生塑性变形。发生变形部分的收缩率比没有变形部分的大，因此塑件在平行加压方向收缩较小，在垂直加压方向收缩较大。可采用迅速脱模的方法补救来防止两个方向的收缩率相差过大。

影响收缩率的因素与热塑性塑料也相同，有原材料、模具结构、成型方法及成型工艺条件等。

2. 流动性

热固性塑料流动性与热塑性塑料流动性意义相同，热固性塑料通常以拉西格流动性来表示。

将一定质量的欲测塑料预压成圆锭，将圆锭放入压模中，在一定温度和压力下，测定它从模孔中挤出的长度（毛糙部分不计在内），此即拉西格流动性，其数值大则流动性好。

每一品种塑料的流动性可分为三个不同等级。

（1）拉西格流动值为 100～131 mm，用于压制无嵌件、形状简单、厚度一般的塑件。

（2）拉西格流动值为 131～150 mm，用于压制中等复杂程度的塑件。

（3）拉西格流动值为 150～180 mm，用于压制结构复杂、型腔很深、嵌件较多的薄壁塑件或用于压注成型。

3. 比体积（比容）与压缩率

比体积是单位质量的松散塑料所占的体积；压缩率为塑料与塑件两者体积或比体积之比值，其值恒大于 1。

比体积与压缩率均表示粉状或短纤维塑料的松散程度，可用来确定压缩模加料腔容积的大小。各种塑料的比体积和压缩率是不同的，同一种塑料的比体积和压缩率又与塑料形状、颗粒度及其均匀性不同而异。

4. 水分和挥发物含量

热固性塑料中的水分和挥发物来自两方面，一是塑料生产过程遗留下来及成型前在运输、储存时吸收的；二是在成型过程中化学反应产生的副产物。若成型时塑料中的水分和挥发物过多又处理不及时，则会产生如下问题：流动性增大、易产生溢料，成型周期长，收缩率大，塑件易产生气泡、组织疏松、翘曲变形、波纹等缺陷。

此外，有的气体对模具有腐蚀作用，对人体有刺激作用，因此必须采取相应措施，消除或抑制有害气体的产生，包括采取成型前对物料进行预热干燥处理、在模具中开设排气槽或压制操作时设排气工步、模具表面镀铬等措施。

5. 交联（固化）特性

交联是指热固性塑料在成型加工时大分子与固化剂（交联剂）的作用后，其线型分子结构（如图 1-3（a）所示）逐步形成网状的三维体型结构（如图 1-3（b）所示）。

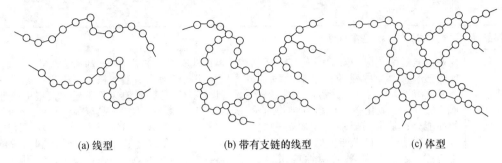

图 1-3　聚合物分子链结构示意图

固化特性是热固性塑料特有的性能，是指热固性塑料成型时完成交联反应的过程。固化速度不仅与塑料品种有关，而且与塑件形状、壁厚、模具温度和成型工艺条件有关，采用预压的锭料、预热、提高成型温度，延长加压时间都能加快固化速度。此外，固化速度还应适应成型方法的要求。例如，在压注或注射成型时，应要求在塑化、填充时交联反应慢些，以保持长时间的流动状态。但当充满型腔后，在高温、高压下应快速固化。固化速度慢的塑料，会使成型周期变长，生产率降低；固化速度快的塑料，则不易成型为大型复杂的塑件。

1.3　常用热塑性塑料的性能与应用

常见热塑性塑料的性能与应用如表 1-3 所示，常用热塑性塑料的密度、收缩率、溢边值如表 1-4 所示。

表 1-3　常用热塑性塑料的性能与应用

塑料品种	基本特性	用途范围	成型特性
聚乙烯 (PE)	聚乙烯树脂为无毒、无味，呈白色或乳白色，柔软、半透明的大理石状粒料，为结晶型塑料。 聚乙烯塑料由乙烯单体经聚合而成，按聚合时采用的生产压力的高低可分为高压、中压和低压聚乙烯三种。 低压聚乙烯又称高密度聚乙烯（HDPE），具有较高的刚性、强度和硬度。但柔韧性、透明性较差。 高压聚乙烯又称低密度聚乙烯（LDPE），具有较好的柔软性、耐寒性、耐冲击性，但耐热、耐光、耐氧化能力差、易老化。 聚乙烯有一定的机械强度，但与其他塑料相比除冲击强度较高外，其他力学性能绝对值在塑料材料中都是较低的。聚乙烯有优异的介电绝缘性，介电性能稳定；化学稳定	低压聚乙烯可用于制造塑料管、塑料板、塑料绳以及承载不高的零件，如齿轮、轴承等；中压聚乙烯最适宜的成型方法有高速吹塑成型，可制造瓶类、包装用的薄膜以及各种注射成型制品和旋转成型制品，也可用在电线电缆上面；高压聚乙烯常用于制作塑料薄膜（理想的包装材料）、软管、塑料瓶以及电气工业的绝缘零件和	结晶型塑料，吸湿性小，注射生产前一般不需要干燥；敏性塑料；成型收缩率范围及收缩率大，方向性明显，容易变形、翘曲；不宜用直接进料口；应控制模温 20～40℃，保持冷却均匀、稳定；流动性好且对压力变化敏感；宜用高压注射，料温均匀，填充速度应快，保压充分；冷却速度慢，因此必须充分冷却，模具应设有

塑料品种	基本特性	用途范围	成型特性
	性好，能耐稀硫酸、稀硝酸及其他任何浓度的酸、碱、盐的侵蚀；除苯及汽油外，一般不溶于有机溶剂；其透水气性能较差，而透氧气、二氧化碳及许多有机物质蒸气的性能好；是最易燃烧的塑料品种之一。聚乙烯制品受到日光照射时，制品最终老化变脆。聚乙烯的耐低温性能较好，在−60℃下仍具有较好的力学性能，但其使用温度不高，一般 LDPE 的使用温度在 80℃左右，HDPE 的使用温度在 100℃左右。LDPE 材料的密度为 $0.91\sim0.94\ \text{g/cm}^3$。如果 LDPE 的密度在 $0.91\sim0.925\ \text{g/cm}^3$ 之间，那么其收缩率在 2%~5% 之间；如果密度在 $0.926\sim0.94\ \text{g/cm}^3$ 之间，那么其收缩率在 1.5%~4% 之间	电缆外皮等。注塑还主要用于制作各种餐具（塑料碗等餐具容器、塑料刀叉）、箱柜（整理箱、首饰盒）和管道连接器（等径连接管、变径连接管、三通连接头）等生活用	冷却系统；可以注塑、挤出、中空吹塑、薄膜压延、大型中空制品滚塑、发泡成型等。聚乙烯质软易脱模，制品有浅的侧凹时可强行脱模；特别适合于使用热流道模具
聚丙烯(PP)	聚丙烯无色、无味、无毒。外观似聚乙烯，但比聚乙烯更透明、更轻。密度仅为 $0.90\sim0.91\ \text{g/cm}^3$。它不吸水，光泽好，易着色。聚丙烯具有聚乙烯所有的优良性能，如卓越的介电性能、耐水性、化学稳定性，宜于成型加工等；还具有聚乙烯所没有的许多性能，如屈服强度、抗拉强度、抗压强度和硬度及弹性比聚乙烯好。定向拉伸后聚丙烯可制作铰链，有特别高的抗弯曲疲劳强度。如用聚丙烯注射成型一体铰链（盖和本体合一的各种容器），经过 7 000 万次开闭弯折未产生损坏和断裂现象。聚丙烯熔点为 164～170℃，耐热性好，能在 100℃ 以上的温度下进行消毒灭菌。其低温使用温度达到 −15℃，低于 −35℃ 时会脆裂。聚丙烯的高频绝缘性能好，而且由于其不吸水，绝缘性能不受湿度的影响，但在氧、热、光的作用下极易解聚、老化，所以必须加入防老化剂	聚丙烯可用作各种机械零件，如法兰、接头、泵叶轮、汽车零件和自行车零件；可作为水、蒸气、各种酸碱等的输送管道，化工容器和其他设备的衬里、表面涂层；可制造盖和本体合一的箱壳，各种绝缘零件，并用于医药工业中	成型收缩范围及收缩率大，易发生缩孔、凹痕、变形，方向性强；流动性极好，易于成型，热容量大，注射成型模具必须设计能充分进行冷却的冷却回路，注意控制成型温度。料温低时方向性明显，尤其是低温、高压时更明显。聚丙烯成型的适宜模温为 80℃左右，不可低于 50℃，否则会造成成型塑件表面光泽差或产生熔接痕等缺陷。温度过高会产生翘曲和变形
聚氯乙烯(PVC)	其原料价格低廉，应用广泛。其树脂为白色或浅黄色粉末，形同面粉，造粒后为透明块状，类似明矾。根据不同的用途填加不同的添加剂，聚氯乙烯塑件可呈现不同的物理性能和力学性能。在聚氯乙烯树脂中加大适量的增塑剂，可制成多种硬质、软质制品。硬聚氯乙烯不含或含有少量增塑剂。它的机械强度颇高，有较好的抗拉、抗弯、抗压和抗冲击性能，可单独用作结构材料；其介电性能好，对酸碱的抵抗能力极强，化学稳定性好；但成型比较困难，耐热性不高。软聚氯乙烯含有较多的增塑剂，柔软且富有	由于聚氯乙烯的化学稳定性高，所以可用于制作防腐管道、管件、输油管、离心泵和鼓风机等。聚氯乙烯的硬板广泛用于化学工业上制作各种储槽的衬里、建筑物的瓦楞板、门窗结构、墙壁装饰物等建筑用材；由于电绝缘性能良好，可在电气、电子工业中用于制造插	它的流动性差，过热时极易分解，所以必须加大稳定剂和润滑剂，并严格控制成型温度及熔料的滞留时间。成型温度范围小，必须严格控制料温，模具应有冷却装置；采用带预塑化装置的螺杆式注射机。模具浇注系统应粗短，浇口截面宜大，不得有死角滞料。模具应冷

塑料品种	基本特性	用途范围	成型特性
	弹性，类似橡胶，但比橡胶更耐光、更持久。在常温下其弹性不及橡胶，但耐蚀性优于橡胶，不怕浓酸、浓碱的破坏，不受氧气及臭氧的影响，能耐寒冷。成型性好，但耐热性低，机械强度、耐磨性及介电性能等都不及硬聚氯乙烯，且易老化。 总的来说，聚氯乙烯有较好的电气绝缘性能，可以用作低频绝缘材料，其化学稳定性也较好。由于聚氯乙烯的热稳定性较差，长时间加热会导致分解，放出氯化氢气体，使聚氯乙烯变色，所以其应用范围较窄，使用温度一般在 −15～55°C 之间	座、插头、开关和电缆。在日常生活中，用于制造凉鞋、雨衣、玩具和人造革等	却，其表面应镀铬
聚苯乙烯（PS）	聚苯乙烯无色、透明、有光泽、无毒无味，落地时发出清脆的金属声。聚苯乙烯是目前最理想的高频绝缘材料，可以与熔融的石英相比美。 它的化学稳定性良好，能耐碱、硫酸、磷酸、10%～30% 的盐酸、稀醋酸及其他有机酸，但不耐硝酸及氧化剂的作用，对水、乙醇、汽油、植物油及各种盐溶液也有足够的抗腐蚀能力。它的耐热性低，只能在不高的温度下使用，质地硬而脆，塑件由于内应力而易开裂。聚苯乙烯的透明性很好，透光率很高，光学性能仅次于有机玻璃。它的着色能力优良，能染成各种鲜艳的色彩。 为了提高聚苯乙烯的耐热性和降低其脆性，常用改性聚苯乙烯和以聚苯乙烯为基体的共聚物，从而大大扩大了聚苯乙烯的用途	聚苯乙烯在工业上可用作仪表外壳、灯罩、化学仪器零件、透明模型等；在电气方面用作良好的绝缘材料、接线盒、电池盒等；在日用品方面广泛用于包装材料、各种容器、玩具等	聚苯乙烯性脆易裂，易出现裂纹，所以成型塑件脱模斜度不宜过小，顶出要受力均匀；热胀系数大，塑件中不宜有嵌件，否则会因两者热胀系数相差太大而导致开裂；由于流动性好，应注意模具间隙，防止成型飞边，且模具设计中大多采用点浇口形式；宜用高料温、高模温、低注射压力成型并延长注射时间，以防止缩孔及变形，降低内应力，但料温过高容易出现银丝；料温低或脱模剂多，则塑件透明性差
丙烯腈-丁二烯-苯乙烯共聚物（ABS）	ABS 是丙烯腈、丁二烯、苯乙烯三种单体的共聚物，价格便宜，原料易得，是目前产量最大、应用最广的工程塑料之一。ABS 无毒、无味，为呈微黄色或白色不透明粒料，成型的塑件有较好的光泽。 ABS 是由于三种组分组成的，故它有三种组分的综合力学性能，而每一组分又在其中起着固有的作用。丙烯腈使 ABS 具有良好的表面硬度、耐热性及耐化学腐蚀性，丁二烯使 ABS 坚韧，苯乙烯使 ABS 有优良的成型加工性和着色性能。 ABS 的热变形温度比聚苯乙烯、聚氯乙烯、尼龙等都高，尺寸稳定性较好，具有一定的化学稳定性和良好的介电性能，经过调色可配成任何颜色。其缺点是耐热性不高，连续工作温度为 70℃ 左右，热变形温度约为 93℃。	ABS 在机械工业上用来制造齿轮、泵叶轮、轴承、把手、管道、电机外壳、仪表壳、仪表盘、水箱外壳、蓄电池槽、冷藏库和冰箱衬里等；在汽车工业上用 ABS 制造汽车挡泥板、扶手、热空气调节导管、加热器等，还可用 ABS 夹层板制作小轿车车身；ABS 还可用来制作水表壳、纺织器材、电器零件、文教体育用品、	ABS 易吸水，使成型塑件表面出现斑痕、云纹等缺陷。为此，成型加工前应进行干燥处理，在正常的成型条件下，壁厚、熔料温度对收缩率影响极小；要求塑件精度高时，模具温度可控制在 50～60°C，要求塑件光泽和耐热时，应控制在 60～80° C；ABS 比热容低，塑化效率高，凝固也快，故成型周期短；ABS 的表观黏度对剪切速率

塑料品种	基本特性	用途范围	成型特性
	不透明，耐气候性差，在紫外线作用下易变硬发脆。 根据 ABS 三种组分之间的比例不同，其性能也略有差异，从而适应各种不同的应用	玩具、电子琴及收录机壳体、食品包装餐器、农药喷雾器及家具等	的依赖性很强，因此模具设计中大都采用点浇口形式
聚酰胺 （PA）	聚酰胺通称尼龙（Nylon）。尼龙是含有酰胺基的线型热塑性树脂，尼龙是这一类塑料的总称。根据所用原料的不同，常见的尼龙品种有尼龙 1010、尼龙 610、尼龙 66、尼龙 6、尼龙 9、尼龙 11 等。 尼龙有优良的力学性能，抗拉、抗压、耐磨。经过拉伸定向处理的尼龙，其抗拉强度很高，接近于钢的水平。由于尼龙的结晶性很高，表面硬度大，摩擦因数小，故具有十分突出的耐磨性和自润滑性。它的耐磨性高于一般用作承材料的铜、铜合金、普通钢等。尼龙耐碱、弱酸，但强酸和氧化剂能侵蚀尼龙。尼龙的缺点是吸水性强、收缩率大，常常因吸水而引起尺寸变化。其稳定性较差，一般只能在 80～100°C 之间使用。 为了进一步改善尼龙的性能，常在尼龙中加大减摩剂、稳定剂、润滑剂、玻璃纤维填料等，以克服尼龙存在的一些缺点，提高机械强度	尼龙广泛用于工业上制作各种机械、化学和电器零件，如轴承、齿轮、滚子、辊轴、滑轮、泵叶轮、风扇叶片、蜗轮、高压密封垫圈、垫片、阀座、输油管、储油容器、绳索、传动带、电池箱、电器线圈等零件，还可将粉状尼龙热喷到金属零件表面上，以提高耐磨性或作为修复磨损零件之用	在成型加工前必须进行干燥处理。尼龙的热稳定性差，干燥时为避免材料在高温时氧化，最好采用真空干燥法；尼龙的熔融黏度低，流动性好，有利于制成强度特别高的薄壁塑件，但容易产生飞边，故模具必须选用最小间隙；熔融状态的尼龙热稳定性较差，易发生降解使塑件性能下降，因此不允许尼龙在高温料筒内停留过长时间；尼龙成型收缩率范围及收缩率大，方向性明显，易产生缩孔、凹痕、变形等缺陷，因此应严格控制成型工艺条件
聚甲醛 （POM）	聚甲醛是继尼龙之后发展起来的一种性能优良的热塑性工程塑料，其性能不亚于尼龙，而价格比尼龙低廉。聚甲醛树脂为白色粉末，经造粒后为淡黄或白色、半透明有光泽的硬粒。聚甲醛有较高的抗拉、抗压性能和突出的耐疲劳强度，特别适合用作长时间反复承受外力的齿轮材料；聚甲醛尺寸稳定、吸水率小，具有优良的减摩、耐磨性能；能耐扭变，有突出的回弹能力，可用于制造塑料弹簧制品；常温下一般不溶于有机溶剂，能耐醛、酯、醚、烃及弱酸、弱碱，耐汽油及润滑油性能也很好，但不耐强酸；有较好的电气绝缘性能。 聚甲醛的缺点是成型收缩率大，在成型温度下的热稳定性较差	聚甲醛特别适合于制作轴承、凸轮、滚轮、辊子、齿轮等耐磨传动零件，还可用于制造汽车仪表板、汽化器、各种仪器外壳、罩盖、箱体、化工容器、泵叶轮、鼓风机叶片、配电盘、线圈座、各种输油管、塑料弹簧等	成型收缩率大，它的熔融温度范围小，因此过热或在允许温度下长时间受热，均会引起分解，分解产物甲醛对人体和设备都有害。聚甲醛的熔融或凝固十分迅速，熔融速度快，有利于成型，缩短成型周期，但凝固速度快会使熔料结晶化速度快，塑件容易产生熔接痕等表面缺陷。所以，注射速度要快，注射压力不宜过高。其摩擦因数低、弹性高，浅侧凹槽可采用强制脱出，塑件表面可带有皱纹花样

塑料品种	基本特性	用途范围	成型特性
聚碳酸酯 （PC）	聚碳酸酯为无色透明粒料，聚碳酸酯是一种性能优良的热塑性工程塑料，韧而刚，抗冲击性在热塑性塑料中名列前茅；成型零件可达到很好的尺寸精度并在很宽的温度范围内保持其尺寸的稳定性；抗蠕变、耐磨、耐热、耐寒；脆化温度在 -100℃ 以下，长期工作温度达 120℃；聚碳酸酯吸水率较低，能在较宽的温度范围内保持较好的电绝缘性能。聚碳酸酯是透明材料，可见光的透光率接近 90%。聚碳酸酯具有良好电绝缘性能。 其缺点是耐疲劳强度较差，成型后塑件的内应力较大，容易开裂。用玻璃纤维增强聚碳酸酯则可克服上述缺点，使聚碳酸酯具有更好的力学性能，更好的尺寸稳定性，更小的成型收缩率，并可提高耐热性和耐药性，降低成本	作为一种透明性能良好的工程塑料，聚碳酸酯可以作为制造光盘的基材；由于聚碳酸酯良好电绝缘性能，广泛应用于通信电信设备领域，目前 PC/ABS 合金就特别适宜在通信电器及航空航天工业中应用；聚碳酸酯表面金属化后具有良好的金属光泽及高强度，广泛应用于各种汽车零部件中，但是电镀过程中会降低它的冲击韧性，因此采用弹性体与聚碳酸酯共混改性；开发卫生级的聚碳酸酯树脂，用作饮水桶和其他食品容器的生产与使用；聚碳酸酯薄膜及片材主要成分为进口的聚碳酸酯树脂，可应用于光学、控制面板、遥控面板、液晶显示屏窗口、标签铭牌、汽车仪表板、薄膜开关、电容器电容介质、录音带、彩色录像磁带等；聚碳酸酯还可制作照明灯、高温透镜、视孔镜、防护玻璃等光学零件。 在机械方面主要用作各种齿轮、蜗轮、蜗杆、齿条、凸轮、轴承、各种外壳、盖板、容器、冷冻和冷却装置零件等；在电气方面用作电机零件、风扇部件、电器外壳、通信产品外壳、拨号盘、仪表壳、接线板、安全帽等	聚碳酸酯是结晶性塑料，有明显的熔点，在 220℃ 熔化，350℃ 就分解，吸水性小，但高温时对水分比较敏感，会出现银丝、气泡及强度下降现象，所以加工前必须干燥处理，而且最好采用真空干燥法，用 120℃ 烘 4～5h；熔融温度高，熔体黏度大，流动性差，所以成型时要求有较高的温度和压力；熔体黏度对温度十分敏感，一般用提高温度的方法来增加熔融塑料的流动性。溢边值 0.05mm，模具温度 90～110℃
聚甲基丙烯酸甲酯 （PMMA）	聚甲基丙烯酸甲酯俗称"有机玻璃"，是一种透光塑料，具有高度的透明性和优异的透光性，透光率达 92%，优于普通硅玻璃。 比普通硅玻璃轻一半，机械强度为普通硅玻璃的 10 倍以上；轻而坚韧，容易着色，有较好的电气绝缘性能；化学性能稳定，能耐一般的化学腐蚀，但能溶于芳烃、氯代烃等有机溶剂；在一般条件下尺寸较稳定。有机玻璃可制成棒、管、板等型材，供二次加工成塑件；也可制成粉状物，供成型加工。其最大缺点是表面硬度低，容易被硬物擦伤拉毛	有机玻璃主要用于制造要求具有一定透明度和强度的防震、防爆和观察等方面的零件，如飞机和汽车的窗玻璃、飞机罩盖、油杯、光学镜片、透明模型、透明管道、车灯灯罩、油标及各种仪器零件，也可用作绝缘材料、广告铭牌等	为了防止塑件产生气泡、混浊、银丝和发黄等缺陷，影响塑件质量，原料在成型前要很好地干燥；为了得到良好的外观质量，防止塑件表面出现流动痕迹、熔接痕和气泡等不良现象，一般采用尽可能低的注射速度；模具浇注系统对料流的阻力应尽可能小，并应制出足够的脱模斜度

表1-4　常用热塑性塑料的密度、收缩率、溢边值

塑料种类		收缩率	溢边值	密度
高压聚乙烯（HDPE）		1.5～3.0	0.04	0.94～0.97
低压聚乙烯（LDPE）		—	0.02	0.91～0.94
聚丙烯（PP）		1.0～3.0	0.03	0.90～0.91
硬聚氯乙烯（SPVC）		0.6～1.0	0.03	1.35～1.45
软聚氯乙烯（HPVC）		1.5～2.5	0.06	1.16～1.35
聚苯乙烯（PS）		0.5～0.6	0.04	1.04～1.06
聚酰胺 PA	尼龙6	0.6～1.4	0.03	1.10～1.15
	尼龙66	1.5	—	1.1
	尼龙610	1.0～2.0	—	1.07～1.13
	尼龙9	1.5～2.5	—	1.05
	尼龙11	1.0～2.0	—	1.04
聚甲醛（POM）		1.5～3.0	0.03	1.41
聚甲基丙烯酸甲酯（PMMA）		0.5～1.8	0.03	1.18
丙烯腈-丁二烯-苯乙烯共聚物（ABS）		0.4～0.7	0.04	1.02～1.05
聚碳酸酯（PC）		0.5～0.8	0.05	1.02～1.05

1.4　习　　题

1. 填空题

（1）塑料的主要成分是_____，添加剂包括_____、_____、_____、_____、_____等。

（2）热塑性塑料在受热的过程中会出现三种物理状态：_____、_____、_____，塑料的使用状态一般是_____。

（3）热塑性塑料的工艺性能主要包括_____、_____、_____、和_____。

（4）按分子结构和热性能塑料分_____和_____两类。

（5）热塑性塑料从熔融到凝固到一定形状是_____过程，是可逆的；热固性塑料从熔融到固化到一定形状是_____过程，是不可逆的。

（6）_____、_____、_____是影响注射成型工艺的重要参数。

（7）料筒的温度不能超过塑料本身的_____。

2. 简答题

（1）影响热塑性塑料收缩率的主要因素包括哪些？

（2）影响塑料填充能力的主要因素有哪些？

（3）为什么要尽量减少取向的发生？

（4）结晶对塑料性能的影响是什么？

（5）简述塑料 ABS 和 PP 的物理性能、化学性能、成型工艺性能和应用范围。

3. 概念题

塑料、流动性、收缩率、结晶、取向。

第2章 塑料注射成型工艺

在塑料成型生产中，塑料原料、成型所用模具和成型设备是三个必不可少的物质条件，必须运用相应的技术方法，使这三者联系起来形成生产能力，这种技术方法称为塑料成型工艺。塑料种类很多，其成型方法也很多，表2-1列出常用的成型加工方法与模具。

表2-1　常用的成型加工方法与模具

序号	成型方法	成型模具	用　途
1	注射成型	注射模	如电视机外壳、手机外壳、食品周转箱、塑料盆、桶、汽车仪表盘、玩具等
2	压缩成型	压缩模	如电器照明用设备零件、开关插座、塑料餐具、齿轮等
3	压注成型	压注模	适用于生产小尺寸的塑件
4	挤出成型	口模	如塑料棒、板、管、薄膜、电缆护套、异形（扶手等）
5	中空吹塑	口模、吹塑模	适用与生产中空或管状塑件，如瓶子、容器等
6	热成型	真空成型模具	适合生产形状简单的塑件，此方法可供选择的原料较少
		压缩空气成型模具	

塑料的成型方法除了表2-1列出的六种方法外，还有压延成型、泡沫塑料成型、快速成型等。本章着重介绍注射成型、压缩成型、压注成型、挤出成型。

2.1　注射成型原理与工艺

2.1.1　注射成型原理及特点

到目前为止除氟塑料外，几乎所有的热塑性塑料都可以采用注射成型，一些热固性塑料也可以采用注射成型。

1. 注射成型原理

如图2-1所示，将颗粒状或粉状塑料从注射机的料斗加入料筒中，原料经过料筒的加热熔融后在柱塞或螺杆的推动下向前移动，通过料筒前端的喷嘴以很快的速度注入闭合的模具型腔并充满型腔，熔料经冷却固化后即可保持模具型腔所赋予的形状，然后开模分型，由模具推出机构推出，获得成型塑件。

2. 注射成型特点

注射成型特点包括成型周期短，能一次成型形状复杂的塑件，对各种塑料的适应性强，生产效率高，易于实现全自动化生产。因此，注射成型广泛地用于塑件的生产中，其产品占目前塑件生产量的 30% 左右。

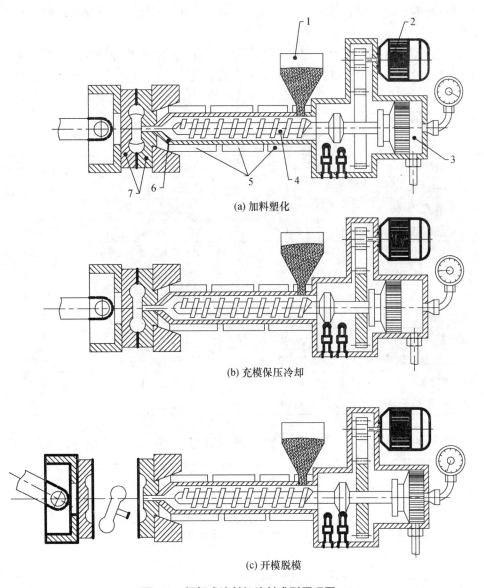

(a) 加料塑化

(b) 充模保压冷却

(c) 开模脱模

图 2-1　螺杆式注射机注射成型原理图

1—料斗　2—螺杆转动传动装置　3—注射液压缸　4—螺杆　5—加热器　6—喷嘴　7—模具

2.1.2　注射成型工艺过程

塑料注射成型工艺过程包括成型前的准备、注射过程、塑件的后处理。

1. 注射成型前的准备

为了使注射成型顺利进行，保证塑件质量，在注射成型之前应进行如下准备工作。

（1）原料的检验和预处理

在成型前应对原料进行外观和工艺性能检验、染色及干燥。

原料的检验包括粒度、色泽及均匀性、流动性、热稳定性、水分含量、收缩性等方面的测定。

在热塑性塑料中或多或少含有水分和挥发物，适量的水分和挥发物可以起到增塑的作用。但是水分及挥发物的含量超过一定量时，就会造成塑件的缺陷，严重时会产生气泡，影响塑件的质量和塑件的精度，所以这时就要对热塑性塑料进行干燥处理。部分塑料成型前允许的含水量如表 2-2 所示。

表 2-2　部分塑料成型前允许的含水量

塑料名称	允许含水量/%	塑料名称	允许含水量/%
聚酰胺 PA-6	0.10	聚碳酸酯	0.01～0.02
聚酰胺 PA-66	0.10	聚苯醚	0.10
聚酰胺 PA-11	0.10	聚砜	0.05
聚酰胺 PA-610	0.05	ABS（电镀级）	0.05
聚酰胺 PA-1010	0.05	ABS（通用级）	0.10
聚酰胺 PA-9	0.05	纤维素塑料	0.20～0.50
聚对苯二甲酸乙二（醇）酯	0.05～0.10	高冲击强度聚苯乙烯	0.10
聚甲基丙烯酸甲酯	0.05	聚苯乙烯	0.10
硬聚氯乙烯	0.08～0.10	聚丙烯	0.05
软聚氯乙烯	0.08～0.10	聚四氟乙烯	0.06
聚对苯二甲酸丁二（醇）酯	0.01	聚乙烯	0.05

不易吸湿的塑料原料，如聚乙烯、聚甲醛、聚丙烯、聚苯乙烯、聚氯乙烯等，如果储存良好，包装严密，一般可不干燥。

干燥的方法常用烘箱干燥、红外线干燥，常见塑料的干燥条件如表 2-3 所示。

表 2-3　常见塑料的干燥条件

塑料名称	干燥温度/℃	干燥时间/h	料层厚度/mm	含水量/%
ABS	80～85	2～4	30～40	<0.1
聚碳酸酯	120～130	6～8	<30	<0.015
聚酰胺	90～100	8～12	<30	<0.1
聚对苯二甲酸丁二（醇）酯	130	5	20～30	<0.2
聚苯醚	110～120	2～4	30～40	0.10
聚砜	110～120	4～6	<30	0.05
聚甲基丙烯酸甲酯	70～80	4～6	30～40	<0.1

影响干燥效果的因素有干燥温度、干燥时间和料层厚度。干燥后的原料要求立即使

用，如果暂时不用为防止再次吸湿，要密封存放；长时间不用的塑料使用前应重新干燥。

（2）嵌件的预热

塑件内嵌入的金属部件称为嵌件。在成型前，金属嵌件先放入模具内的预定位置上，成型后与塑料成为一个整体。由于金属嵌件和塑料收缩率和传热效果差别较大，因而在塑件冷却时，嵌件周围产生较大的内应力，导致嵌件周围塑料层强度下降和出现裂纹。因此在成型前对金属嵌件进行预热，减小嵌件和塑料的温度差而减少内应力。

对于成型时不易产生应力开裂的塑料并且嵌件较小时，可以不用预热。预热的温度以不损坏金属嵌件表面所镀的锌层或铬层为限，一般为110~130℃。对于表面无镀层的铝合金或铜嵌件，预热温度可达150℃。

（3）料筒的清洗

在注射成型之前，如果注射机料筒中残留的塑料与将要使用的塑料不同或颜色不一致时，或成型过程中出现了热分解或降解反应，要对注射机的料筒进行清洗。

柱塞式料筒必须将料筒拆卸清洗或采用专用料筒。而对于螺杆式注射机通常采用直接换料、对空注射法清洗。

由于直接换料清洗浪费了大量的清洗料，可以采用一种新的料筒清洗剂，其使用方法如下：首先将料筒温度升至比正常生产温度高10~20℃，放净料筒内的存储料，然后加入清洗剂（用量为50~200 g）；最后加入新换料，用预塑的方式连续挤一段时间即可。可重复清洗，直至达到要求为止。

（4）脱模剂的选用

注射成型时，塑件的脱模主要是依赖于合理的塑件设计和正确的工艺条件和模具设计，但由于塑件本身的复杂性和成型工艺的不稳定性，可能造成脱模困难，所以在生产中经常使用脱模剂。

2. 注射过程

注射过程一般包括加料、塑化、注射、保压、冷却和脱模几个步骤。

（1）加料

注射成型时需定量加料，以保证操作稳定，塑料塑化均匀，最终获得良好的塑件。加料过多，料受热的时间过长等容易引起塑料的热降解，同时注射机功率损耗增加；加料过少，料筒内缺少传压介质，料筒中塑料熔体压力降低，难于补塑，容易引起塑件出现收缩、凹陷、空洞甚至缺料等缺陷。

（2）塑化

塑料在料筒中受热，由固体颗粒转换成黏流态并且形成具有良好可塑性均匀熔体的过程称为塑化。通过料筒对物料加热，使料由固体向液体转变；而螺杆旋转的剪切作用则以机械力的方式强化了混合和塑化过程，使塑料熔体的温度分布、物料组成和分子形态都发生改变，并更趋于均匀；螺杆的剪切作用能在塑料中产生更多的摩擦热，大大促进了塑料的塑化，因而螺杆式注射机对塑料的塑化比柱塞式注射机要好得多。

（3）注射

塑化好的熔体被柱塞或螺杆推挤至料筒前端，经过喷嘴及模具浇注系统进入并充满型腔，这一阶段称为注射。

（4）保压

在模具中熔体冷却结晶（或固化）时体积收缩，继续保持施压状态的柱塞或螺杆迫使浇口附近的熔料不断补充入模具中，使型腔中的塑料能成型出形状完整而致密的塑件，这一阶段称为保压。一般保压到浇口凝固，如果浇口尚未冻结，保压就结束，柱塞或螺杆后退，型腔中压力解除，这时型腔中的熔料压力将比浇口前方的高，就会发生型腔中熔料通过浇口流向浇注系统的倒流现象，使塑件产生收缩、变形及质地疏松等缺陷。

（5）浇口冻结后的冷却

当浇口已经冻结后，已不再需要继续保压，因此可退回柱塞或螺杆，卸除对料筒内塑料的压力，同时通入冷却水、油或空气等冷却介质，对模具进行进一步的冷却，这一阶段称为浇口冻结后的冷却。

（6）脱模

塑件冷却到一定的温度即可开模，在推出机构的作用下将塑料制件推出模具外。

3. 塑件的后处理

由于塑件结构的原因或塑料塑化不均匀、塑料在型腔中的结晶、定向和冷却不均匀，会造成塑件各部分收缩不一致，或因为金属嵌件的影响和塑件的二次加工不当等原因，塑件内部存在一些内应力。而内应力的存在往往导致塑件在使用过程中产生变形或开裂，因此应该设法消除。根据塑料的特性和使用要求，塑件可进行退火处理和调湿处理。

（1）退火处理

把塑件放在一定温度的烘箱中或液体介质（如热水、热矿物油、甘油、乙二醇和液体石蜡等）中一段时间，然后缓慢冷却。

退火处理的目的是消除了塑件的内应力，稳定了尺寸；对于结晶型塑料还能提高结晶度，稳定结晶结构从而提高其弹性模量和硬度，却降低了断裂伸长率。

退火的温度一般控制在高于塑件的使用温度 10～20°C 或低于塑料热变形温度 10～20°C。退火温度不宜过高，否则塑件会产生翘曲变形；退火温度也不宜过低，否则达不到后处理的目的。

退火的时间取决于塑料品种、加热介质的温度、塑件的形状和壁厚、塑件精度要求等因素。常用塑料的热处理条件如表 2-4 所示。

表 2-4　常用热塑性塑料的热处理条件

塑料名称	热处理温度/℃	时间/h	热处理方式
ABS	70	4	烘箱
聚碳酸酯	110～135	4～8	红外灯、烘箱
	100～110	8～12	
聚酰胺	100～110	4	盐水
聚甲醛	140～145	4	红外线加热、烘箱
聚砜	110～130	4～8	红外线加热、烘箱、甘油
聚甲基丙烯酸甲酯	70	4	红外线加热、烘箱
聚对苯二甲酸丁二（醇）酯	120	1～2	烘箱

（2）调湿处理

有的塑件（如聚酰胺类塑件）脱模后需要放在热水中隔绝空气，防止氧化，消除内应力，以加速达到吸湿平衡，稳定其尺寸，称为调湿处理。因为聚酰胺类塑件脱模时，在高温下接触空气容易氧化变色。另外，聚酰胺类塑件在空气中使用或存放又容易吸水而体积和尺寸发生改变，需要经过很长时间尺寸才能稳定下来，所以要进行调湿处理。

经过调湿处理，还可以改善塑件的力学性能，使冲击韧度和抗拉强度有所提高。

调湿处理的温度一般为 $100\sim120^{\circ}\mathrm{C}$，热变形温度高的塑料品种取上限；相反，取下限。

调湿处理的时间取决于塑料的品种、塑件形状、壁厚和结晶度大小。达到调湿处理时间后，应缓慢冷却至室温。

但并不是所有的塑件都要进行后处理，如果塑件要求不严格时可以不必后处理。如聚甲醛和氯化聚醚塑件，虽然存在内应力，但由于高分子本身柔性较大和玻璃化温度较低，内应力能够自行缓慢消除，就可以不进行后处理。

2.2　注射成型工艺的参数

在塑件的生产中，工艺条件的选择和控制是保证成型顺利进行和塑件质量的关键因素之一，注射成型最重要的工艺条件是温度、压力和时间。

1. 温度

在注射成型中需要控制的温度有料筒温度、喷嘴温度和模具温度。

（1）料筒温度

关于料筒温度的选择，涉及的因素很多，主要有以下几方面。

① 塑件的黏流温度或熔点。非结晶型塑料，没有固定的熔点，料筒末端温度应取在塑料的黏流温度（θ_f）以上；结晶型塑料则应控制在熔点（θ_m）以上。但不论非结晶型或结晶型塑料，要求料筒温度不能超过塑料本身的分解温度（θ_d）。

对于黏流温度与分解温度之间范围较窄的塑料（如硬聚氯乙烯），为防止塑料降解，料筒温度应取偏低一些。对于黏流温度与分解温度之间范围较宽的塑料（如聚丙烯、聚乙烯、聚苯乙烯），料筒温度可以比黏流温度高得多一些。

但是对于热敏性塑料（如聚甲醛、聚氯乙烯等），要注意控制料筒的最高温度和塑料在料筒中停留的时间，防止它在高温下停留时间过长而产生降解。

② 塑料品种。同一种塑料，平均分子质量较高、分子量分布较窄、熔体黏度较大时料筒温度应高些；当平均分子质量较低、分子量分布较宽、熔体黏度较小时，料筒温度应低些。玻璃纤维增强塑料，随着玻璃纤维含量的增加，熔体流动性下降，因而料筒温度要相应地提高。

③ 注射机类型。柱塞式注射机中塑料的加热仅靠料筒壁和分流梭表面传热，而且料层较厚，升温较慢，料温不均匀，因此料筒的温度要高些；螺杆式注射机中的塑料会受到螺杆的搅拌混合，获得较多的剪切摩擦热，料层较薄，升温较快，料温均匀，因此料筒温

度可以低于柱塞式的 10～20°C。

④ 塑件及模具结构。对于薄壁塑件，其相应的型腔狭窄，熔体充模的阻力大、冷却快，为了提高熔体填充能力，料筒温度应选择高些；相反，对于厚壁制品，料筒温度可取低一些。另外，对于形状复杂或带有嵌件的塑件，或熔体充模流程较长的塑件，料筒温度也应取高一些。

整个料筒温度的分布是不均匀的，靠近料斗部分（后端）到喷嘴（前端）温度由低到高，前端温度也可略低于中段，防止塑料过热降解。

（2）喷嘴温度

喷嘴温度通常略低于料筒最高温度，以防止熔料在喷嘴处产生"流涎"现象；但温度也不能太低，否则易堵塞喷嘴。

料筒和喷嘴的温度还应与其他工艺条件结合起来考虑，如果采用较高的注射压力，料筒温度可以设置低些；相反，采用较低的注射压力，料筒温度应设置高些。如果成型周期长，塑料在料筒中受热时间长，料筒温度应设置稍低些；如果成型周期较短，则料筒温度可设置高些。

（3）模具温度

模具温度越低，塑料冷却速度越快，可以缩短成型周期，提高生产效率。但是模具温度太低，容易产生熔接痕、缩痕等缺陷，影响塑件的质量。模具温度过高，塑料冷却慢，成型周期延长，塑件脱模后容易翘曲变形，影响塑件的精度。

模具温度通常是由通入定温的冷却介质来控制的；也有靠熔料注入模具自然升温和自然散热达到平衡的方式来保持一定的温度；在特殊情况下，用电阻丝、电阻加热棒、蒸汽、电感应加热等方法对模具加热来控制模具的温度。

2. 压力

（1）塑化压力（背压）。塑化压力是指采用螺杆式注射机时，螺杆顶部塑料熔体在螺杆旋转后退时所受的压力。

塑化压力增加，熔体的温度及其均匀性提高、色料的混合均匀并排出熔体中的气体，但塑化速率降低，延长成型周期。

在一般操作中，在保证塑件质量的前提下，塑化压力应越低越好，一般为 6 MPa 左右，通常很少超过 20 MPa。

（2）注射压力。注射压力是指注射时柱塞或螺杆顶部对塑料熔体所施加的压力。

① 作用：注射时克服塑料熔体流动充模过程中的流动阻力，使熔体具有一定的充模速率。

② 大小：取决于注射机的类型、塑料的品种、模具结构、模具温度、塑件的壁厚及浇注系统的结构和尺寸等。

一般情况下，黏度高的塑料注射压力高于黏度低的塑料；薄壁、面积大、形状复杂塑件注射压力高；模具结构简单，浇口尺寸较大，注射压力较低；柱塞式注射机的注射压力大于螺杆式注射机；料筒温度、模具温度高，注射压力较低。

部分塑料的注射压力如表 2-5 所示。

表 2-5　部分塑料的注射压力（MPa）

塑料	注射条件		
	流动性好的厚壁塑件	流动性中等的一般塑件	流动性差的薄壁窄浇口制品
聚酰胺（PA）	90～101	101～140	>140
聚甲醛（POM）	85～100	100～120	120～150
ABS	80～110	100～120	120～150
聚苯乙烯（PS）	80～100	100～120	130～150
聚氯乙烯（PVC）	100～120	120～150	>150
聚乙烯（PE）	70～100	100～120	120～150
聚碳酸酯（PC）	100～120	120～150	>150

(3) 保压压力。保压时对熔体进行压实和防止倒流。直到浇口冷却凝固，保压压力撤掉，螺杆或柱塞后移进行预塑，为下次充模准备。

3. 时间（成型周期）

完成一次注塑过程所需的时间称为注塑成型周期。包括以下几部分：注射时间（充模时间 3～5 s、保压时间 20～120 s）、合模冷却时间（30～120 s）、其他时间等（开模、脱模、喷涂脱模剂、安放嵌件、合模时间）。

塑件成型工艺制定时，参考表 2-6 选取参数范围，根据上述的理论和经验确定选取偏大值还是偏小值。

表 2-6　常用塑料的注射成型工艺参数

项目＼塑料		LDPE	HDPE	PP	软 PVC	硬 PVC	PS	ABS
注射机类型		柱塞式	螺杆式	螺杆式	柱塞式	螺杆式	柱塞式	螺杆式
螺杆转速/（$r \cdot min^{-1}$）		—	30～60	30～60	—	20～30	—	30～60
喷嘴形式		直通式	直通式	直通式	直通式	直通式	直通式	直通式
喷嘴温度/℃		150～170	150～180	170～190	140～150	150～170	160～170	180～190
料筒温度/℃	前段	170～200	180～190	180～200	160～190	170～190	170～190	200～210
	中段	—	180～200	200～220	—	165～180	—	210～230
	后段	140～160	140～160	160～170	140～150	160～170	140～160	180～200
模具温度/℃		30～45	30～60	40～80	30～40	30～60	20～60	50～70
注射压力/MPa		60～100	70～100	70～120	40～80	80～130	60～10	70～90
保压压力/MPa		40～50	40～50	50～60	20～30	40～60	30～40	50～70
注射时间/s		0～5	0～5	0～5	0～8	2～5	0～3	3～5
保压时间/s		15～60	15～60	20～60	15～40	15～40	15～40	15～30
冷却时间/s		15～60	15～60	15～50	15～～30	15～40	15～30	15～30
成型周期/s		40～140	40～140	40～120	40～80	40～90	40～90	40～70

续表

塑料 项目	POM	PMMA	PA6	PC	PSU	PPO	醋酸纤维素
注射机类型	螺杆式 POM	柱塞式	螺杆式	柱塞式	螺杆式	螺杆式	螺杆式
螺杆转速/ (r·min^{-1})	20～40	—	20～50		20～40	—	20～30
喷嘴形式	直通式	直通式	直通式	直通式	直通式	直通式	直通式
喷嘴温度/℃	170～180	180～200	200～210	240～250	230～250	280～290	250～280
料筒温度/℃ 前段	170～190	180～240	220～230	270～300	240～280	290～310	260～280
料筒温度/℃ 中段	180～200	—	230～240	—	260～290	300～330	260～290
料筒温度/℃ 后段	170～190	180～200	200～210	260～290	240～270	280～300	230～240
模具温度/℃	90～100	40～80	60～100	90～110	90～110	130～150	110～150
注射压力/MPa	80～120	80～130	80～110	110～140	80～130	100～140	100～140
保压压力/MPa	30～50	40～60	30～50	40～50	40～50	40～50	50～70
注射时间/s	2～5	0～5	0～4	0～5	0～5	0～5	0～5
保压时间/s	20～90	20～40	15～50	20～80	20～80	20～80	30～70
冷却时间/s	20～60	20～40	20～40	20～50	20～50	20～50	26～60
成型周期/s	50～160	50～90	50～90	50～130	50～130	50～140	60～140

2.3 注射成型工艺参数对塑件质量的影响因素

注射成型生产过程中塑件最常见的各种缺陷有水纹、缩孔、应力开裂、翘曲变形等，影响塑件质量的因素很多，不仅取决于塑料原材料、注射机、模具结构，还取决于注射成型工艺参数的合理与否。表 2-7 列出了产生塑件缺陷的影响因素。

表 2-7 塑件缺陷产生的因素

缺陷 影响因素	表面有水纹	痕迹、条纹	毛口、飞边	熔接痕	光洁度不佳	缺口、少边	烧黄、烧焦	变色混色等	成型品变形	成型品太厚	裂纹、裂口
机筒温度过低		●		●	●	●					●
机筒温度过高			●				●	●	●	●	
注塑压力过低		●		●	●						
注塑压力过高		●						●		●	●
注塑保压时间过短									●		

续表

影响因素＼缺陷	表面有水纹	痕迹、条纹	毛口、飞边	熔接痕	光洁度不佳	缺口、少边	烧黄、烧焦	变色混色等	成型品变形	成型品太厚	裂纹、裂口
注塑保压时间过长			●							●	●
射出速度太快		●					●				
射出速度太慢					●			●			
冷却不充分		●							●		
模具温度控制不良											●
注塑周期过短									●		
注塑周期过长					●		●				
注塑口、流道或喷嘴太大										●	
注塑口、流道或喷嘴太小		●		●	●			●			
注塑口位置不佳		●		●		●					
模具模模力过低			●							●	
模具出气孔不适	●		●	●			●				
进料不足					●	●			●		
树脂干燥温度、时间不适	●						●				●
颗粒中混入其他物质	●				●		●				
清机不良		●					●				
脱模剂、防锈油不适					●						
粉碎树脂加入不适	●	●					●				●
树脂流动性太慢				●		●					
树脂流动性太快			●								

2.4　塑件成型工艺卡的制定

塑件成型工艺是指导塑件生产的工艺性文件，对塑件的质量、塑件的成本有很大的影响。在模具设计前要先制定塑件成型工艺，或由塑件生产厂家（模具使用者）提供，成型工艺中的参数是模具设计过程中一些参数的计算和校核的依据，如胀模力的校核等；对模具结构也有直接的影响，如模具温度超过 80℃，需要设计加热系统。表 2-8 给出了工艺卡的参考格式。

表 2-8　塑件成型工艺卡

塑件名称			高密度聚乙烯	塑件草图
材料牌号			HDPE	
单件质量			2.067 g	
成型设备型号			FE80S	
每模件数			4	
成型工艺参数				
材料干燥	干燥设备名称		烘箱	
	温度/℃			
	时间/h			
成型过程	料筒温度	后段/℃		
		中段/℃		
		前段/℃		
		喷嘴/℃		
	模具温度/℃			
	时间	注射时间/s		
		保压时间/s		
		冷却时间/s		
		成型周期/s		
	压力	注射压力/MPa		
		保压压力/MPa		
后处理	方法		—	
	温度/℃		—	
	时间/min		—	

编　制		日　期		审　核		日　期		

　　表2-8 的参数应该根据塑件的大小、壁厚、结构、注射总体积、流程长度等因素，参考表2-3～表2-7确定。确定的是准确数值（而不是范围），以便输入注射机试模或生产，

如有质量问题或生产周期长，再根据问题进行调整。参考数据不全，可以查相应的《塑料模具设计手册》。

2.5　习　　题

1. 填空题

（1）注射成型工艺过程包括_____、_____和_____三个阶段。

（2）根据塑料的特性和使用要求，塑件需进行后处理，常进行_____和_____处理。

（3）注射机在注射成型前，当注射机料筒中残存塑料与将要使用的塑料不同或颜色不同时，要进行清洗料筒。清洗的方法有_____、_____。

（4）_____、_____、_____是影响注射成型工艺的重要参数。

（5）喷嘴温度通常略_____料筒最高温度，以防止熔料在喷嘴处产生____现象；但温度也不能太低，否则易堵塞喷嘴。

（6）整个料筒温度的分布是不均匀的，靠近料斗部分（后端）到喷嘴（前端）温度由低到高，前端温度也可略低于中段，防止塑料_____。

（7）在注射成型中应控制合理的温度，即控制_____、_____和_____。

（8）注射模塑过程中需要控制的压力有_____压力和_____压力。

2. 简答题

（1）简述塑料注射成型原理。

（2）注射成型是熔体塑化充型与冷却过程，具体包括哪些过程？

（3）柱塞式注射机与螺杆式注射机的料筒温度设置有什么不同？为什么？

（4）注射压力选取与哪些因素有关？

（5）成型周期由哪些时间段组成？

（6）完成表2-8成型工艺卡的填写。

（7）塑件有熔接痕迹，查表2-7，请分析与哪些因素有关。

3. 概念题

塑化压力、注射压力、调湿处理、退火处理。

第3章　塑料制件设计

3.1　塑件设计的基本原则

注射制品的形状结构、尺寸大小、精度和表面质量要求，与注射成型工艺和模具结构的适应性，称为制品的工艺性。如果制品的形状结构简单、尺寸适中、精度低、表面质量要求不高，则制品成型起来比较容易，所需要的注射工艺条件比较宽松，模具结构就简单，这时可以认为制品的工艺性比较好；反之，则可以认为制品的工艺性较差。为设计出工艺性良好且满足使用要求的塑料制件，必须遵循以下基本原则。

（1）在设计塑件时，应考虑原材料的成型工艺特性，如流动性、收缩率等。

（2）在保证制品使用要求的前提下，应力求制品形状和结构简单，壁厚均匀。

（3）设计制品形状和结构时，应尽量考虑如何使它容易成型，考虑模具的总体结构，使模具结构简单、易于制造。

（4）设计出的制品形状应有利于模具分型、排气、补缩和冷却。

（5）制品成型前后的辅助工作应尽量减少，技术要求应尽量放低，同时，成型后最好不再进行机械加工。

3.2　塑件的尺寸和精度

3.2.1　塑件尺寸

这里的塑件尺寸，指的是塑件总体尺寸（外形尺寸），而不是壁厚、孔径等尺寸，其设计原则如下。

（1）受到塑料的流动性制约，流动性好的塑料可以成型较大尺寸的塑件，反之能成型的塑件尺寸就较小。

（2）受成型设备的限制，注射成型的塑件尺寸要受到注射机的注射量、锁模力和模板尺寸的限制；压缩和压注成型的塑件尺寸要受到压机最大压力和压机工作台面最大尺寸的限制。

（3）在满足使用要求的前提下，应尽量将塑件设计得紧凑、尺寸小巧一些。

3.2.2　塑件尺寸精度

塑件尺寸精度是指所获得的塑件尺寸与产品图中尺寸的符合程度，即所获得塑件尺寸的准确度。在满足使用要求的前提下，应尽可能设计得低一些。

塑件尺寸公差根据 GB/T 14486—1993《工程塑料模塑塑料件尺寸公差》确定，塑件尺寸公差的代号为 MT，公差等级分七级，如表 3-1 所示。塑件上孔的公差采用单向正偏差，塑件上轴的公差采用单向负偏差，中心距及其他位置尺寸公差采用双向等值偏差。常用材料模塑件公差等级的选用如表 3-2 所示。

表 3-1　工程塑料模塑塑料件尺寸公差（摘自 GB/T 14486—1993）

公差等级	公差种类	基本尺寸												
		大于0 到3	3 6	6 10	10 14	14 18	18 24	24 30	30 40	40 50	50 65	65 80	80 100	100 120
MT1	A	0.07	0.08	0.09	0.10	0.11	0.12	0.14	0.16	0.18	0.20	0.23	0.26	0.29
	B	0.14	0.16	0.18	0.20	0.21	0.22	0.24	0.26	0.28	0.30	0.33	0.36	0.39
MT2	A	0.10	0.12	0.14	0.16	0.18	0.20	0.22	0.24	0.26	0.30	0.34	0.38	0.42
	B	0.20	0.22	0.24	0.26	0.28	0.30	0.32	0.34	0.36	0.40	0.44	0.48	0.52
MT3	A	0.12	0.14	0.16	0.18	0.20	0.24	0.28	0.32	0.36	0.40	0.46	0.52	0.58
	B	0.32	0.34	0.36	0.38	0.40	0.44	0.48	0.52	0.56	0.66	0.72	0.78	
MT4	A	0.16	0.18	0.20	0.24	0.28	0.32	0.36	0.42	0.48	0.56	0.64	0.72	0.82
	B	0.36	0.38	0.40	0.44	0.48	0.52	0.56	0.62	0.68	0.76	0.84	0.92	1.01
MT5	A	0.20	0.24	0.28	0.32	0.38	0.44	0.50	0.56	0.64	0.74	0.86	1.00	1.14
	B	0.40	0.44	0.48	0.52	0.58	0.64	0.70	0.76	0.84	0.94	1.06	1.20	1.34
MT6	A	0.26	0.32	0.38	0.46	0.54	0.62	0.70	0.80	0.94	1.10	1.28	1.48	1.72
	B	0.46	0.52	0.58	0.68	0.74	0.82	0.90	1.00	1.14	1.30	1.48	1.68	1.92
MT7	A	0.38	0.45	0.58	0.68	0.78	0.88	1.00	1.41	1.32	1.54	1.80	2.10	2.40
	B	0.58	0.68	0.78	0.88	0.98	1.08	1.20	1.34	1.52	1.74	2.00	2.30	2.60
未注公差的尺寸允许偏差														
MT5	A	γ 0.10	γ 0.12	γ 0.14	γ 0.16	γ 0.19	γ 0.22	γ 0.25	γ 0.28	γ 0.32	γ 0.37	γ 0.43	γ 0.50	γ 0.57
	B	γ 0.20	γ 0.22	γ 0.24	γ 0.26	γ 0.29	γ 0.32	γ 0.35	γ 0.38	γ 0.42	γ 0.47	γ 0.53	γ 0.60	γ 0.67
MT6	A	γ 0.13	γ 0.16	γ 0.19	γ 0.23	γ 0.27	γ 0.31	γ 0.35	γ 0.40	γ 0.47	γ 0.55	γ 0.64	γ 0.74	γ 0.86
	B	γ 0.23	γ 0.26	γ 0.29	γ 0.33	γ 0.37	γ 0.41	γ 0.45	γ 0.50	γ 0.57	γ 0.65	γ 0.74	γ 0.84	γ 0.96
MT7	A	γ 0.19	γ 0.24	γ 0.29	γ 0.34	γ 0.39	γ 0.44	γ 0.50	γ 0.58	γ 0.66	γ 0.77	γ 0.90	γ 1.05	γ 1.20
	B	γ 0.29	γ 0.34	γ 0.39	γ 0.44	γ 0.49	γ 0.54	γ 0.60	γ 0.67	γ 0.76	γ 0.87	γ 1.00	γ 1.15	γ 1.30
公差等级	公差种类	基本尺寸												
		120 140	140 160	160 180	180 200	200 225	225 250	250 280	280 315	315 355	355 400	400 450	450 500	
MT1	A	0.32	0.36	0.40	0.44	0.48	0.52	0.56	0.60	0.64	0.70	0.78	0.86	
	B	0.42	0.46	0.50	0.54	0.58	0.62	0.66	0.70	0.74	0.80	0.88	0.96	
MT2	A	0.46	0.50	0.54	0.60	0.66	0.72	0.76	0.84	0.92	1.00	1.10	1.20	
	B	0.56	0.60	0.64	0.70	0.76	0.82	0.86	0.94	1.02	1.10	1.20	1.30	
MT3	A	0.64	0.70	0.78	0.86	0.92	1.00	1.10	1.20	1.30	1.44	1.60	1.74	
	B	0.84	0.90	0.98	1.06	1.12	1.20	1.30	1.40	1.50	1.54	1.80	1.94	
MT4	A	0.92	1.02	1.12	1.24	1.36	1.48	1.62	1.80	2.00	2.20	2.40	2.60	
	B	1.12	1.22	1.32	1.44	1.56	1.68	1.82	2.00	2.20	2.40	2.60	2.80	

公差等级	公差种类	基本尺寸											
		120 140	140 160	160 180	180 200	200 225	225 250	250 280	280 315	315 355	355 400	400 450	450 500
MT5	A	1.28	1.44	1.60	1.76	1.92	2.10	2.30	2.50	2.80	3.10	3.50	3.90
	B	1.48	1.64	1.80	1.96	2.12	2.30	2.50	2.70	3.00	3.30	3.70	4.10
MT6	A	2.00	2.20	2.40	2.60	2.90	3.20	3.50	3.80	4.30	4.70	5.30	6.00
	B	2.20	2.40	2.60	2.80	3.10	3.40	3.70	4.00	4.50	4.90	5.50	6.20
MT7	A	2.70	3.00	3.30	3.70	4.10	4.50	4.90	5.40	6.00	6.70	7.40	8.20
	B	2.90	3.20	3.50	3.90	4.30	4.70	5.10	5.60	6.20	6.90	7.60	8.40
未注公差的尺寸允许偏差													
MT5	A	γ 0.64	γ 0.72	γ 0.80	γ 0.88	γ 0.96	γ 1.05	γ 1.15	γ 1.25	γ 1.40	γ 1.55	γ 1.75	γ 1.95
	B	γ 0.74	γ 0.82	γ 0.90	γ 0.98	γ 1.06	γ 1.15	γ 1.25	γ 1.35	γ 1.50	γ 1.65	γ 1.85	γ 2.05
MT6	A	γ 1.00	γ 1.10	γ 1.20	γ 1.30	γ 1.45	γ 1.60	γ 1.75	γ 1.90	γ 2.15	γ 2.35	γ 2.65	γ 3.00
	B	γ 1.10	γ 1.20	γ 1.30	γ 1.40	γ 1.55	γ 1.70	γ 1.85	γ 2.00	γ 2.25	γ 2.45	γ 2.75	γ 3.10
MT7	A	γ 1.35	γ 1.50	γ 1.65	γ 1.85	γ 2.05	γ 2.25	γ 2.45	γ 2.70	γ 3.00	γ 3.35	γ 3.70	γ 4.10
	B	γ 1.45	γ 1.60	γ 1.75	γ 1.95	γ 2.15	γ 2.35	γ 2.55	γ 2.80	γ 3.10	γ 3.45	γ 3.80	γ 4.20

注：A 是固定零部件成型尺寸，B 是活动零部件成型尺寸。

表 3-2　常用材料模塑件公差等级的选用（摘自 GB/T 14486—1993）

材料代号	模塑材料		公差等级		
			标注公差尺寸		未注公差尺寸
			高精度	一般精度	
ABS	丙烯腈 – 丁二烯 – 苯乙烯共聚物		MT2	MT3	MT5
AS	丙烯腈 – 苯乙烯共聚物		MT2	MT3	MT5
CA	醋酸纤维素塑料		MT3	MT4	MT6
EP	环氧树脂		MT2	MT3	MT5
PA	尼龙类塑料	无填料填充	MT3	MT4	MT6
		玻璃纤维填充	MT2	MT3	MT5
PBTP	聚对苯二甲酸二醇酯	无填料填充	MT3	MT4	MT6
		玻璃纤维填充	MT2	MT3	MT5
PC	聚碳酸酯		MT2	MT3	MT5
PDAP	聚邻苯二甲酸二丙烯酯		MT2	MT3	MT5
PE	聚乙烯		MT5	MT6	MT7
PESU	聚苯醚		MT2	MT3	MT5
PETP	聚对苯二甲酸乙二醇酯	无填料填充	MT3	MT4	MT6
		玻璃纤维填充	MT2	MT3	MT5
PE	酚醛塑料	无机填料填充	MT2	MT3	MT5
		有机填料填充	MT3	MT4	MT6
PMMA	聚甲基丙烯酸甲酯		MT2	MT3	MT5
POM	聚甲醛	≤150 mm	MT3	MT4	MT6
		>150 mm	MT4	MT5	MT7
PP	聚丙烯	无填料填充	MT3	MT4	MT6
		无机填料填充	MT2	MT3	MT5

续表

材料代号	模塑材料		公差等级		
			标注公差尺寸		未注公差尺寸
			高精度	一般精度	
PPO	聚苯醚		MT2	MT3	MT5
PPS	聚苯硫醚		MT2	MT3	MT5
PS	聚苯乙烯		MT2	MT3	MT5
PSU	聚砜		MT2	MT3	MT5
HPVC	硬质聚氯乙烯（无强塑剂）		MT2	MT3	MT5
SPVC	软质聚氯乙烯		MT5	MT6	MT7
VF/MF	氨基塑料和氨基酚醛塑料	无机填料填充	MT2	MT3	MT5
		有机填料填充	MT3	MT4	MT6

注：1. 其他塑料可按加工尺寸稳定性，参照本表选择精度等级。
　　2. 1、2 级精度为精密技术级，只在特殊条件下采用。
　　3. 选用精度等级时，考虑脱模斜度对尺寸公差的影响。

3.3　塑件表面粗糙度及表观质量

3.3.1　塑件表面粗糙度

塑件表面粗糙度参照 GB/T 14234—1993《塑料件表面粗糙度标准——不同加工方法和不同材料所能达到的表面粗糙度》选取，决定因素主要是模具成型零件的表面粗糙度。塑件的表面粗糙度一般为 $0.8\sim0.2\,\mu m$，而模具的表面粗糙度数值要比塑件低 $1\sim2$ 级，应为 $0.2\sim0.05\,\mu m$。塑料的表面粗糙度值还与塑件材质有关，如表 3-3 所示。

表 3-3　不同加工方法和不同材料所能达到的表面粗糙度（GB/T 14234—1993）

加工方法	塑料		Ra 参数值范围/μm										
			0.025	0.050	0.100	0.200	0.40	0.80	1.60	3.20	6.30	12.50	25
注射成型	热塑性塑料	PMMA	●	●	●	●	●	●	●				
		ABS	●	●	●	●	●	●	●				
		AS	●	●	●	●	●	●	●				
		聚碳酸酯		●	●	●	●	●	●				
		聚苯乙烯		●	●	●	●	●	●	●			
		聚苯烯		●	●	●	●	●	●				
		尼龙		●	●	●	●	●	●				
		聚乙烯			●	●	●	●	●	●			
		聚甲醛	●	●		●	●	●	●				
		聚砜			●	●	●						

续表

加工方法	塑料		Ra 参数值范围/μm										
			0.025	0.050	0.100	0.200	0.40	0.80	1.60	3.20	6.30	12.50	25
注射成型	热塑性塑料	聚氯乙烯				●	●	●	●	●			
		聚苯醚				●	●	●	●	●			
		氯化聚醚				●	●	●	●	●			
		PBT				●	●	●	●	●			
	热固性塑料	氨基塑料				●	●	●	●	●			
		酚醛塑料				●	●	●	●	●			
		硅酮塑料				●	●	●	●	●			
机械加工		PMMA	●	●	●	●	●	●	●	●			
		尼龙				●		●	●	●		●	
		聚四氟乙烯				●	●	●	●	●		●	
		聚氯乙烯				●	●	●	●	●		●	
		增强塑料				●		●	●	●		●	●

注：模塑增强塑料 Ra 数值应相应降低两个档次。

3.3.2 塑件表观质量

塑件表观质量是指塑件成型后的表观缺陷状态，如缺料、溢料、飞边、凹陷、气孔、熔接痕、皱纹、翘曲与收缩、尺寸不稳定等。表观缺陷是由塑件成型工艺条件、塑件成型原材料选择、模具总体设计等多种因素造成的。

3.4 塑件制品的形状和结构设计

塑件形状和结构设计的主要内容包括塑件形状、壁厚、斜度、加强筋、支撑面、圆角、孔、嵌件、文字、符号及标记等内容。

3.4.1 塑件形状

塑件的内外表面形状应在满足使用要求的情况下尽可能易于成型。同时有利于模具结构简化。塑件的几何形状与成型方法、模具结构、脱模以及塑件质量等均有密切关系。

1. 塑件的形状

塑件的内外表面形状应易于成型，塑件应尽量避免侧孔、侧凹，以避免模具采用侧向分型抽芯机构或者瓣合凹模（凸模）结构，否则因设置这些机构而使模具结构复杂，不但提高模具制造成本，延长生产周期，还会在塑件上留下分型面线痕，增加去除塑件飞边的修整量。如果塑件有成型侧孔和侧凹结构，则可在不影响塑件使用要求的前提下，与塑件设计者协商对塑件结构进行适当的修改。表 3-4 中图 3-1（a）形式需要侧抽芯机构，改为图 3-1（b）形式取消侧孔，不需要侧抽芯机构。图 3-2（a）所示塑件的外侧有凹进，需采用瓣合凹模，塑件模具结构复杂，塑件表面有接缝，改为图 3-2（b）形式取消塑件上的侧凹结构，模具结构简单。图 3-3（a）所示塑件在取出模具前，必须先由抽芯机构抽出侧型芯，然后才能取出，模具结构复杂。改为图 3-3（b）侧孔形式，不需要侧向型芯，模具结构简单。图 3-4（a）、3-5（a）所示塑件也需要侧抽芯模具结构，分别改为 3-4（b）和 3-5（b）所示的形式，不需要侧抽芯模具结构，模具结构简单。图 3-6（a）所示零件侧面有花纹，需要采用瓣合凹模，塑件模具结构复杂，塑件表面有接缝，改为图 3-6（b）所示的形式则模具结构简单。

表 3-4　改变塑件形状以利于塑件成型的典型实例

序　号	不 合 理	合　理
1	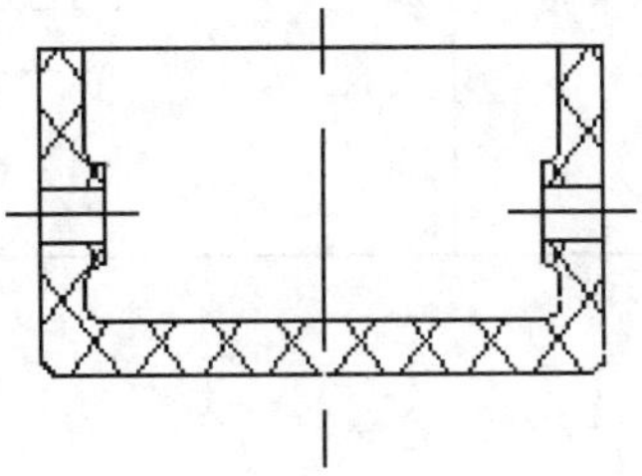 图 3-1（a）	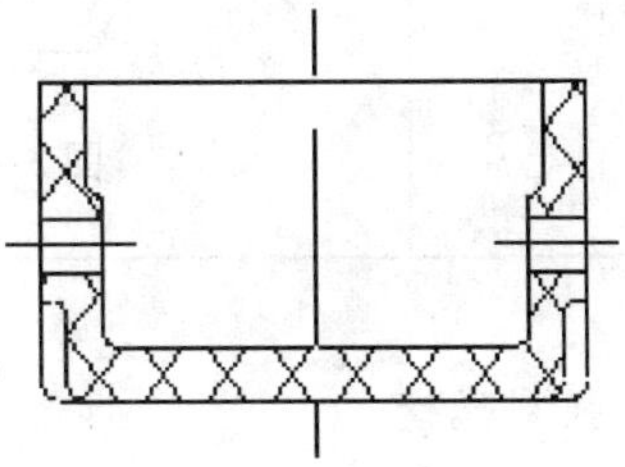 图 3-1（b）
2	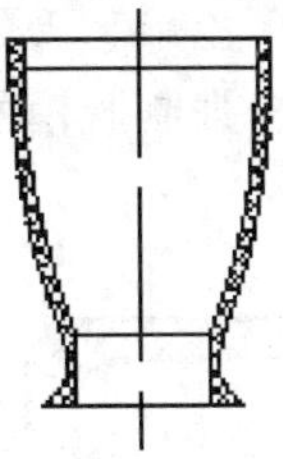 图 3-2（a）	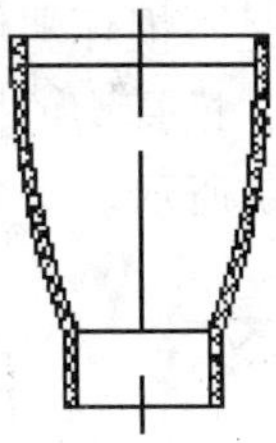 图 3-2（b）
3	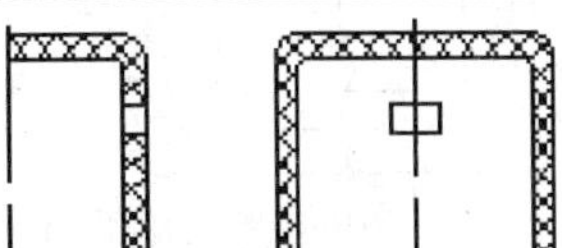 图 3-3（a）	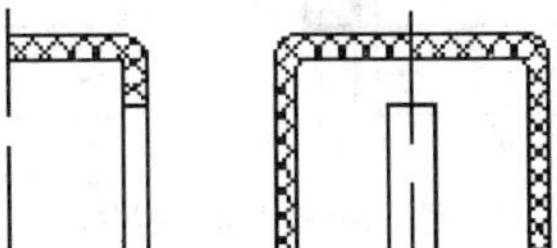 图 3-3（b）
4	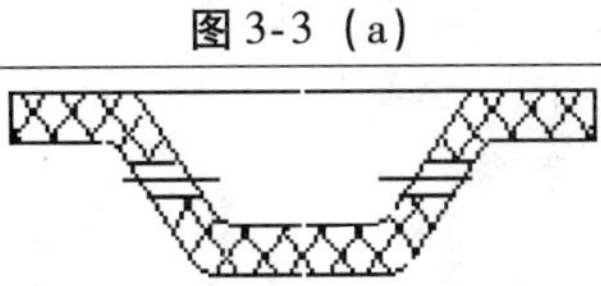 图 3-4（a）	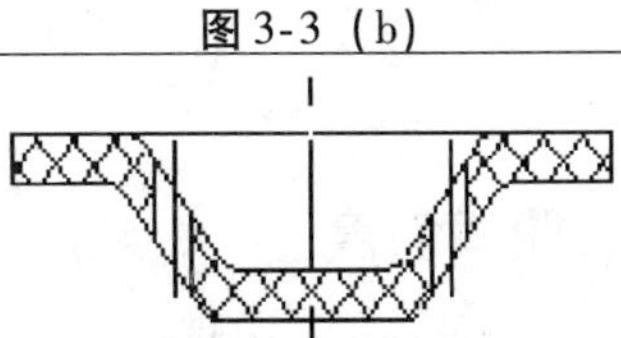 图 3-4（b）

续表

序　号	不合理	合　理
5	图 3-5（a）	图 3-5（b）
6	图 3-6（a）	图 3-6（b）

2. 强制脱模

当塑件侧壁的凹槽（或凸台）深度（或高度）较浅并带有圆角时，则可采用整体式凸模或凹模结构，利用塑料在脱模温度下具有足够弹性的特性，采用强制脱模的方式将塑件脱出，前提是不损坏塑件。如成型塑件的塑料为聚乙烯、聚丙烯、聚甲醛这类带有足够弹性的塑料时，模具均可采取强制脱模方式。但符合强制脱模的塑件还要符合下面的公式要求，如图 3-7 所示。

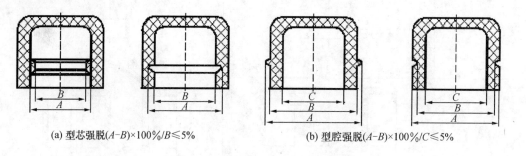

(a) 型芯强脱$(A-B)\times 100\%/B\leqslant 5\%$　　　　　(b) 型腔强脱$(A-B)\times 100\%/C\leqslant 5\%$

图 3-7　可强制脱模的浅侧凹、凸结构

3.4.2　脱模斜度

塑料在注射后的固化冷却过程中产生收缩，包紧成型部件（尤其型芯），从而导致塑件脱模困难，故需在与脱模方向平行的塑件内外表面设计出合理的斜度以便于脱模，这便是脱模斜度。脱模斜度与塑件的材料、部位、形状、壁厚、高度及尺寸精度等因素有关。

一般来说，材料性质脆、硬的，脱模斜度要求大，但在具体选择脱模斜度时还应注意以下几点。

（1）取向原则：内孔以型芯小端 d 为准，斜度沿扩大方向标出；外形以型腔大端 D 为准，斜度沿减小方向标出，如图 3-8 所示。

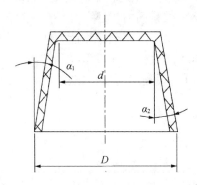

图 3-8　脱模斜度的取向

（2）斜度大小随塑件高度的变化而变化，以缩小塑件两端尺寸差距，当塑件高度小于 50 mm 时取较大值，大于 100 mm 时取较小值。有时将较高塑件的型腔从两端取脱模斜度。

（3）凡塑件精度要求高的，应采用较小的脱模斜度。

（4）塑件形状复杂的、不易脱模的，应选用较大的脱模斜度。

（5）塑料的收缩率大的应选用较大的脱模斜度。

（6）塑件壁厚较厚时，会使成型收缩增大，脱模斜度应采用较大的数值。

（7）如果要求脱模后塑件保持在型芯一边，则塑件的内表面的脱模斜度可选得比外表面小；反之，要求脱模后塑件留在型腔内，则塑件的外表面的脱模斜度应小于内表面脱模斜度，但当内、外表面要求脱模斜度不一致时，往往不能保证壁厚的均匀。

（8）增强塑料宜取大的脱模斜度，含自润滑剂的易脱模塑料可取小的脱模斜度。

常用塑料脱模斜度的推荐值如表 3-5 所示。

表 3-5　常用塑料件脱模斜度

塑料名称	脱模斜度	
	型　腔	型　芯
聚乙烯、聚丙烯、软聚氯乙烯、聚酰胺、氯化聚醚、聚碳酸酯、聚砜	$25' \sim 45'$	$20' \sim 45'$
硬聚氯乙烯、聚碳酸酯、聚砜	$35' \sim 40'$	$30' \sim 50'$
聚苯乙烯、有机玻璃、ABS、聚甲醛	$35' \sim 1°30'$	$30' \sim 40'$
热固性塑料	$25' \sim 40'$	$20' \sim 50'$

注：本表所列脱模斜度适用于开模后塑件留在凸模上的情况。

脱模斜度的取值在设计时根据具体情况而定。一般来说，塑件高度在 25 mm 以下，塑件要求精度高，可不考虑脱模斜度。但是，如果塑件结构复杂，即使脱模高度仅几毫米，也必须设计脱模斜度。当塑件特殊要求时，外表面脱模斜度可小至 $5'$，内表面脱模斜度可小至 $10' \sim 20'$。

3.4.3 壁厚

塑件壁厚是否合理直接影响塑件的使用性能及成型质量。壁厚要满足在使用上有足够的强度和刚度，在装配时能够承载紧固力，还要在满足成型时熔体能够充满型腔，在脱模时能够承受脱模机构的冲击和振动，因此壁厚不能太薄。但是壁厚也不能太厚，太厚浪费塑料原材料，增加了塑件成本；同时也增加成型时间和冷却时间，延长成型周期，降低生产效率，还容易产生气泡、缩孔、凹痕、翘曲等缺陷，对热固性塑料成型时还可能造成固化不足。

塑件的壁厚设计应注意以下几点。

（1）薄厚应合适，若壁厚过厚，则：

① 收缩率增大，尺寸稳定性差；

② 塑件冷却时间长，成型周期长，生产效率低；

③ 浪费原材料，增加成本。

若壁厚过薄，则：

① 塑件的强度及刚度下降，使用寿命缩短；

② 成型时流动阻力增加，影响成型效果；

③ 脱模困难。

塑件壁厚的大小主要取决于塑料品种、大小以及成型条件。热塑性塑料塑件壁厚选取可参考表 3-6。热固性塑料塑件壁厚选取可参考表 3-7。

表 3-6　热塑性塑料塑件最小壁厚及推荐壁厚参考值（mm）

塑料种类	最小壁厚	小型塑件的推荐壁厚	中型塑件的推荐壁厚	大型塑件的推荐壁厚
聚酰胺（PA）	0.45	0.75	1.6	2.4～3.2
聚乙烯（PE）	0.6	1.25	1.6	2.4～3.2
醋酸纤维素（CA）	0.7	1.25	1.9	3.2～4.8
丙烯酸类（PPA）	0.7	0.9	2.4	3.0～6.0
聚苯乙烯（PS）	0.75	1.25	1.6	3.2～5.4
改性聚苯乙烯	0.75	1.25	1.6	3.2～5.4
聚甲醛（POM）	0.8	1.4	1.6	3.2～5.4
有机玻璃（PMMA）	0.8	1.5	2.2	4～6.5
聚丙烯（PP）	0.85	1.45	1.75	2.4～3.2
氯化聚醚（CPT）	0.85	1.35	1.8	2.5～3.4
乙基纤维素（EC）	0.9	1.25	1.6	2.4～3.2
聚碳酸酯（PC）	0.95	1.8	2.3	3～4.5
聚砜（PSU）	0.95	1.8	2.3	3～4.5
硬聚氯乙烯（HPVC）	1.15	1.6	1.8	3.2～5.8
聚苯醚（PPO）	1.2	1.75	2.5	3.5～6.4
ABS	1.0	1.5	2～2.5	3～4

表 3-7　热固性塑料塑件壁厚参考值　　　　　　　　　　单位：mm

塑件名称	塑件外形高度		
	>50	>50～100	>100
粉状填料的酚醛塑料	0.7～2.0	2.0～3.0	5.0～6.5
纤维状填料的酚醛塑料	1.5～2.0	2.5～3.5	6.0～8.0
氨基塑料	1.0	1.3～2.0	3.0～4.0
聚酯玻璃纤维填料的塑料	1.0～2.0	2.4～3.2	>4.8
聚酯无机物填料的塑料	1.0～2.0	3.2～4.8	>4.8

（2）壁厚应均匀。塑件的各部分壁厚应尽可能均匀一致，避免截面厚薄悬殊，否则会因为固化或冷却速度一致引起收缩不均匀，从而在塑件内部产生内应力，导致塑件产生翘曲、缩孔甚至开裂等缺陷。图 3-9（a）所示结构设计不合理，图 3-9（b）所示结构设计合理。当无法避免壁厚不均匀时，可做成倾斜的形状，如图 3-10 所示，使壁厚逐渐过渡，但不同壁厚的比例不应超过 1∶3。当壁厚相差过大时，可将塑件先分解为两个塑件分别成型，再黏合成为制品。

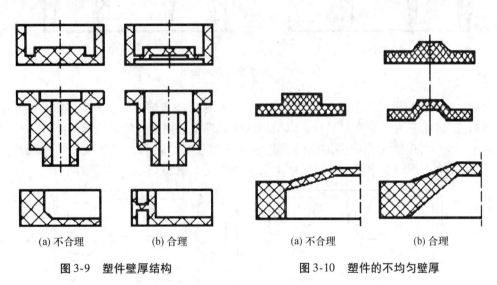

|　　　(a) 不合理　　　　　(b) 合理　　　　　　　(a) 不合理　　　　　(b) 合理 |

图 3-9　塑件壁厚结构　　　　　　　　图 3-10　塑件的不均匀壁厚

3.4.4　加强筋设计

1. 加强筋的作用

采用加强筋，壁厚均匀，既省料又提高了强度、刚度，避免了气泡、缩孔、凹痕、翘曲变形等缺陷（如图 3-11 所示）；在一定程度上可以改善塑料的充模流动性。

2. 加强筋的设计要求

（1）加强筋的厚度应小于塑件厚度，侧壁必须有足够的斜度，并与壁用圆弧过渡；

（2）尽量采用数个高度较矮的肋代替孤立的高筋，筋与筋之间的距离应大于筋宽的两倍；

（3）加强筋端面高度不应超过塑件高度，宜低于 0.5 mm 以上，如图 3-12 所示；

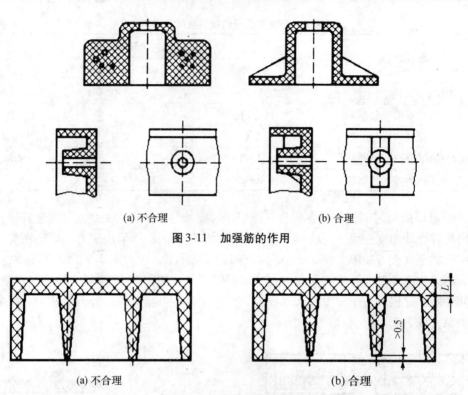

(a) 不合理   (b) 合理

图 3-11   加强筋的作用

(a) 不合理   (b) 合理

图 3-12   加强筋高度的设计

（4）加强筋的设置方向应与受力方向一致，并尽可能与熔体流动方向一致，对于平板状塑件，加强筋应与料流方向平行，以免料流受到搅乱，使塑件的韧性降低。

（5）若塑件中需设置许多加强筋，其分布应相互交错排列，尽量减少塑料的局部集中，以免收缩不均匀引起翘曲变形或产生气泡和缩孔。图 3-13 为加强筋的布置。

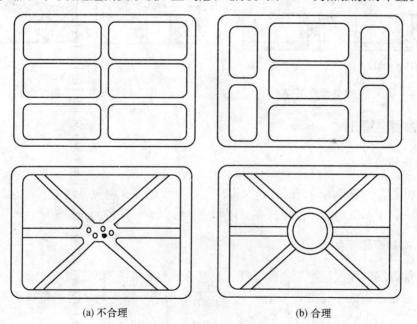

(a) 不合理   (b) 合理

图 3-13   加强筋的布置

加强筋具体设计尺寸参考图 3-14。

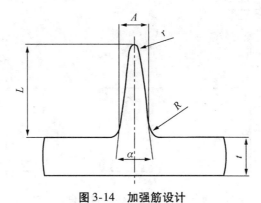

图 3-14　加强筋设计

高度 L =（1～3）t；

筋条厚度 A =（0.5～0.7）t，当 $t \leq 2\,mm$ 时，取 $A = t$；

筋根过渡圆角 R =（1/8～1/4）t；

收缩角 $\alpha = 2° \sim 5°$；

筋端部圆角 $r = t/4$。

3.4.5　支撑面设计

设计塑件的支撑面应充分保证其稳定性，以塑件的整个底面作为支承面是不合理的，通常用凸边或几个凸起的支脚作为支撑（如图 3-15 所示）。

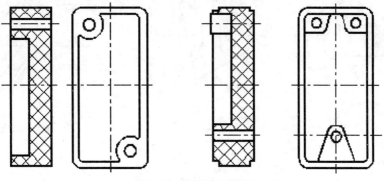

图 3-15　塑件的支撑面

设计塑件的形状应有利于提高塑件的强度和刚度。簿壳状塑件可设计成球面或拱形曲面。如容器盖或底设计成图 3-16 所示形状，可以有效地增加刚性、减少变形。

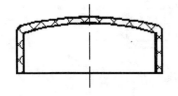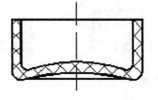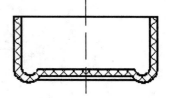

图 3-16　容器盖或底的设计

3.4.6　容器边缘的设计

容器的边缘是强度、刚性薄弱处，易于开裂变形损坏，设计成图 3-17 所示形状可增强刚度，减小变形。

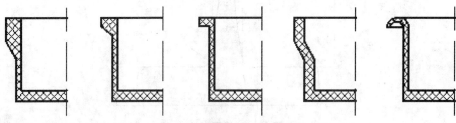

图 3-17　容器边缘的增强设计

紧固用的凸耳或台阶应有足够的强度和刚性，以承受紧固时的作用力。为避免台阶厚度突然增大和支撑面过小，凸耳应用加强筋加强，如图 3-18 所示。当塑件较大、较高时，可在其内壁及外壁设计纵向圆柱、沟槽或波纹状形式的增强结构。图 3-19 所示为局部加厚侧壁尺寸，预防侧壁翘曲的情况。

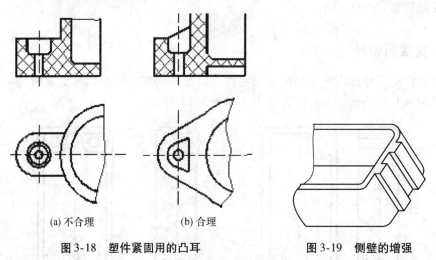

(a) 不合理　　　　　　(b) 合理

图 3-18　塑件紧固用的凸耳　　　　　**图 3-19　侧壁的增强**

3.4.7　圆角

塑件转角处应采用圆角过渡，塑件圆角可以避免应力集中，提高塑件强度，有利于塑料熔体流动、便于脱模，并使塑件美观，模具型腔也不易在淬火或使用时因应力集中而开裂。但在分型面处则不宜采用圆角，如图 3-20 所示。

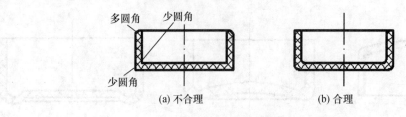

多圆角　少圆角

少圆角

(a) 不合理　　　　　　　　　(b) 合理

图 3-20　圆角设计

塑件圆角不小于 0.5～1 mm，一般外圆角为壁厚的 1.5 倍，内圆角为壁厚的 1/2，最小不应小于 0.5 mm。

3.4.8　孔的设计

塑件有各种形状的孔，如通孔、盲孔、异形孔、螺纹孔等，尽可能开设在不减弱塑件机械强度的部位，孔的形状也应力求使模具结构简单。

孔的设计原则为：保证足够强度，以满足使用要求；尽量避免侧孔。为保证强度，塑件上固定用孔和其他受力孔的周围应设计凸边或凸台来加强（如图 3-21 所示），热固性塑料件两孔之间及孔与边缘的距离如表 3-8 所示，热塑性塑料件两孔之间及孔与边缘的距离可按表中数值的 75% 确定。

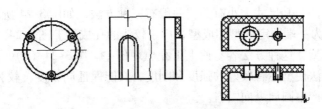

图 3-21　孔的加强设计

表 3-8　热固性塑料孔间距、孔边距与孔径的关系（mm）

孔径	<1.5	1.5～3	3～6	6～10	10～18	18～30
孔间距、孔边距	1～1.5	1.5～2	2～3	3～4	4～5	5～7

注：1. 热塑性塑料取表中热固性塑料数值的 75%。
　　2. 增强塑料宜取大。
　　3. 两孔径不一致时，则以小孔之孔径查表。

固定孔多数采用图 3-22（a）所示沉头的螺钉孔形式，图 3-22（c）所示的沉头的螺钉孔形式较少采用，由于设置型芯不便，一般不采用 3-22（b）所示沉头的螺钉孔形式。

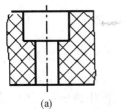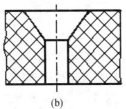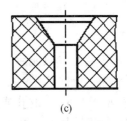

(a)　　　　　　　　　(b)　　　　　　　　　(c)

图 3-22　固定孔的形式

互相垂直的孔或相交的孔，在压缩成型塑件中不宜采用，在注射成型和压注成型中可以采用，但两个孔不能互相嵌合。如图 3-23（a）所示，型芯中间要穿过侧型芯，这样容易产生故障，应采用图 3-23（b）的结构形式。成型时，小孔型芯从两边抽芯后，再抽大孔型芯。

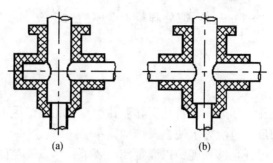

图 3-23　两相交孔的设计

1. 通孔

通孔的成型方法与其尺寸大小有关，一般有三种方法，如图 3-24 所示。

图 3-24（a）为一端固定的型芯成型，用于较浅的孔成型。图 3-24（b）为对接型芯，用于较深的通孔成型，这种方法容易使上下孔出现偏差。图 3-24（c）为一端固定，一端导向支撑，这种方法使型芯有较好的强度和刚度，又能保证同轴度，较为常用，但导向部分周围由于磨损易产生圆周纵向溢料。

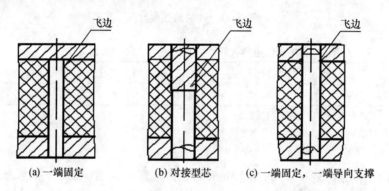

图 3-24　通孔的成型方法

2. 盲孔

盲孔（即不通孔）只能用一端固定的型芯来成型，如果孔径较小又深时，成型时型芯易于弯曲或折断，根据经验，孔深应不超过孔径的 4 倍，压缩成型时孔深应不超过孔径的 2.5 倍。直径小于 1.5 mm 的孔或深度太大的孔最好用成型后再用机械加工的方法获得。为了便于成型后的机械加工，可在成型时用来定位的浅孔。各种塑料的最小孔径与最大孔深如表 3-9 所示。

表 3-9　热塑性件孔的极限尺寸　　　　　　　　　　　　　　　单位：mm

塑料名称	孔的最小直径 d	孔的最大深度 h	
		盲孔	通孔
聚酰胺	0.20	$4d$	$10d$
聚乙烯	0.20	$4d$	$10d$

续表

塑料名称	孔的最小直径 d	孔的最大深度 h	
		盲孔	通孔
软聚氯乙烯	0.20	$4d$	$10d$
聚甲基丙烯酸甲酯	0.25	$4d$	$8d$
聚甲醛	0.30	$3d$	$8d$
聚苯醚	0.30	$3d$	$8d$
硬聚氯乙烯	0.25	$3d$	$8d$
改性聚苯乙烯	0.30	$3d$	$8d$
聚碳酸酯	0.35	$3d$	$8d$
聚砜	0.35	$3d$	$8d$

注：1. d 为孔的直径。

　　2. 采用纤维状塑料时，表中数值乘以系数 0.75。

3. 异形孔

对于斜孔或复杂的异形孔，可参考图 3-25 所示的成型方法，异形孔设计应采用拼合的方法来成型，避免侧向抽芯。

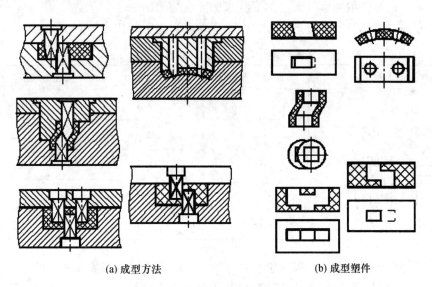

(a) 成型方法　　　　　　　　　　　(b) 成型塑件

图 3-25　拼合的型芯成型复杂孔

3.4.9　嵌件设计

塑料内部镶嵌有金属、玻璃、木材、纤维、纸张、橡胶或已成型的塑件等称为嵌件。使用嵌件的目的在于提高塑件的强度，提高塑件的精度、尺寸稳定性，满足塑件的某些要求，如导电、导磁、耐磨和装配连接等。

嵌件的材料有有色金属、黑色金属、非金属，嵌件在塑件中必须可靠固定。嵌件在模具内必须定位可靠，成型时嵌件与模板孔配合为 H8/f8。

金属是常用的嵌件材料，嵌件形式繁多。图 3-26 所示为常见的嵌件种类。塑件中嵌件的形状应尽量满足成型要求，保证嵌件与塑料之间牢固连接以防止受力脱出。

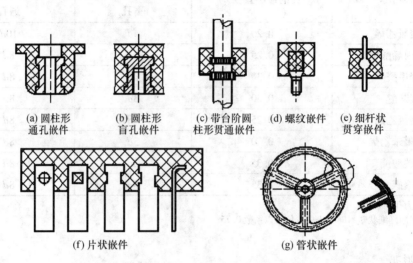

| (a) 圆柱形通孔嵌件 | (b) 圆柱形盲孔嵌件 | (c) 带台阶圆柱形贯通嵌件 | (d) 螺纹嵌件 | (e) 细杆状贯穿嵌件 |

(f) 片状嵌件　　　　　　　　(g) 管状嵌件

图 3-26　常见的嵌件种类

嵌件设计原则如下。

（1）嵌件最好使用圆形或者对称形状来保证收缩的均匀。

（2）嵌件周围塑料壁厚应足够大，以保证强度和刚度，如表 3-10 所示。

表 3-10　金属嵌件周围塑料层厚度　　　　　　　　　　单位：mm

图　　例	金属嵌件直径 D	塑料厚度最小层 C	顶部塑料层最小厚度 H
	≤4	1.5	0.8
	>4～8	2.0	1.5
	>8～12	3.0	2.0
	>12～16	4.0	2.5
	>16～25	5.0	3.0

（3）嵌件在模具中必须正确定位和可靠固定，以防成型时嵌件受到充填塑料流的冲击发生歪斜或变形。嵌件在模具内固定的方式很多，例如，圆柱形嵌件一般采用外部凸台或内部凸阶与模具密切配合，如图 3-27（a）、（b）所示，配合长度一般取 1.5～2 mm；盲孔的螺纹嵌件也可直接插在模具的光滑芯杆上定位，如图 3-27（c）所示。也可以采用模具上的台阶轴定位，如图 3-27（d）所示。

外螺纹在模具内的固定方法，如图 3-28 所示。图 3-28（a）采用光杆插入模具定位孔内，和孔的间隙配合长度应为 1.5～2 mm 之间。与模具孔间隙配合不得大于成型塑料的溢料间隙；图 3-28（b）采用凸肩配合，增加了嵌件插入模具后的稳定性，还可防止熔融塑料进入螺纹中。图 3-28（c）采用凸出的圆环，在成型时，圆环被压紧在模具上形成密封环以防止塑料进入。

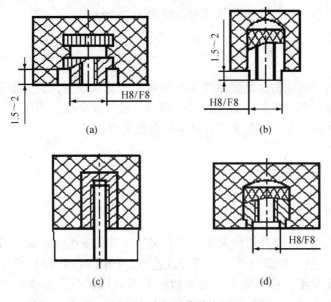

图 3-27　内螺纹嵌件定位

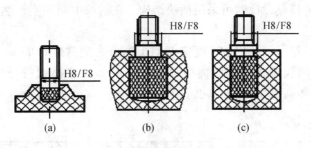

图 3-28　外螺纹在模具内的固定方法

（4）嵌件自由伸出的长度不应超过其定位部分直径的 2 倍，否则应在模具上设置支柱，防止嵌件弯曲，如图 3-29 所示。但需要注意的是所设支柱在塑件上产生的支柱工艺孔应不影响塑件的使用。薄片状嵌件为了降低对料流的阻力，同时防止嵌件的受力变形，可在塑料熔体流动的方向上钻孔。

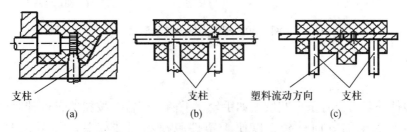

图 3-29　细长类嵌件在模具内的支撑方法

（5）塑料制品会使生产效率降低，且生产不易自动化，因此在设计塑料制品时此类嵌件就应尽可能不用。

（6）为了使嵌件牢固地固定在塑料制品中，防止嵌件受力时在制品内转动或脱出，嵌件表面必须设计有适当的凸状或凹状部分，如图 3-26 所示。

3.4.10　铰链

聚丙烯、乙丙烯共聚物、某些品种 ABS 等可直接制成铰链，铰链部分厚度应较薄，一般为 0.25～0.4 mm，熔体流向必须通过铰链部分，铰链部分截面不可过长。如果从模腔取出塑件后立刻弯曲若干次，可大大提高其强度及疲劳寿命。

3.4.11　文字、符号或花纹

1. 文字、符号

由于某些特殊要求，塑件上经常需要带有文字、符号或花纹（如凸纹、凹纹、皮革纹等）。塑件设计时一般采用凸型文字、符号或花纹，如图 3-30（a）所示，这样模具上是相应的凹型标志及花纹，易于加工；如果塑件上不允许有凸起，或在文字符号上需涂色时，塑件可设计成凹坑，如图 3-30（b）所示，此种结构形式的凹字在塑件抛光或使用时不易磨损；如果塑件上的文字图案等一定要凸起，塑件可以设计成图 3-30（c）的类型，凹坑内凸起，相应的模具设计时可采用活块结构，在活块中刺凹字，然后镶入模具中，制造较方便。

塑件上的文字、符号等凸出的高度应不小 0.2 mm，通常以 0.8 mm 为适宜，线条宽度应不小于 0.3 mm，两线条之间的距离应不小于 0.4 mm，字体或符号的脱模斜度应大于 10°，一般边框比字体高出 0.3 mm 以上。

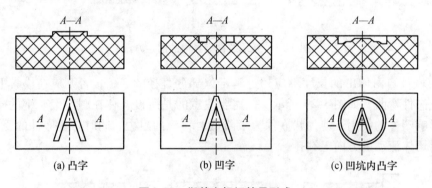

(a) 凸字　　　　　　(b) 凹字　　　　　　(c) 凹坑内凸字

图 3-30　塑件上标记符号形式

2. 花纹

有些塑件外表面设有条形花纹，如手轮、手柄、瓶盖、按钮等，设计时要考虑其条纹的方向应与脱模的方向一致，以便于塑件脱模和制造模具。如图 3-31 所示，图 3-31（a）、（d）所示塑件脱模困难，模具结构复杂；图 3-31（b）所示分型面处飞边不易除去；图 3-31（c）所示结构则易于除去分型面处的圆形飞边；图 3-31（e）所示结构，脱模方便，模具结构简单，制造方便，且飞边易于除去。塑件侧表面的皮革纹是依靠侧壁斜度保证脱模的。

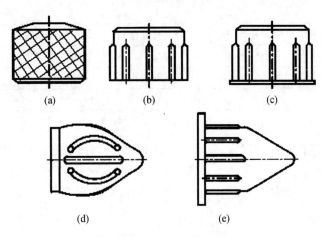

图 3-31 塑件花纹设计

3.4.12 螺纹设计

螺纹成型方法有模具直接成型、机械加工成型，在经常装卸和受力较大的地方，应该采用金属的螺纹嵌件（如图 3-27，图 3-28 所示）。

塑料螺纹设计原则如下。

（1）塑件上的螺纹，一般直径要求不小于 2 mm，精度不超过 IT7 级，并选用螺距较大者。细牙螺纹尽量不采用直接成型（如表 3-11 所示），而是采用金属螺纹嵌件。螺纹深度不能太深，螺纹深度与螺纹孔径关系如表 3-12 所示。

表 3-11 塑件上螺纹选用范围

螺纹公称 直径/mm	螺纹种类				
	公制标准螺纹	1 级标准螺纹	2 级细牙螺纹	3 级细牙螺纹	4 级细牙螺纹
3 以下	+	-	-	-	-
3～6	+	-	-	-	-
6～10	+	+	-	-	-
10～18	+	+	+	-	-
18～30	+	+	+	+	+
30～50	+	+	+	+	+

注：表中"-"为不建议采用的范围。

表 3-12 常用塑料件螺纹的极限尺寸

塑件材料	最小螺纹孔直径 d	最大孔深度	最小螺杆直径 d_1	最大螺杆长度
聚酰胺	2	$3d$	3	$2d_1$
聚甲基丙烯酸甲酯	2	$3d$	3	$3d_1$
聚碳酸酯	2	$3d$	2	$4d_1$
氯化聚醚	2.5	$3d$	2	$3d_1$

续表

塑件材料	最小螺纹孔直径 d	最大孔深度	最小螺杆直径 d_1	最大螺杆长度
改性聚苯乙烯	2.5	$3d$	2	$3d_1$
聚甲醛	2.5	$3d$	2	$3d_1$
聚砜	3	$3d$	3	$3d_1$

注：热固性塑料的内径螺纹直径小于 3 mm，螺纹长度不小于 1.5d，螺距应大于 0.5 mm。

（2）为了增加塑件螺纹的强度，防止最外圈螺纹迸裂或变形，其始端和末端均不应突然开始或结束，应有一过渡段。如图 3-32 所示，过渡段长度 L，其数值按表 3-13 选取。塑料螺纹与金属螺纹的配合长度不应大于螺纹直径的 1.5 倍。

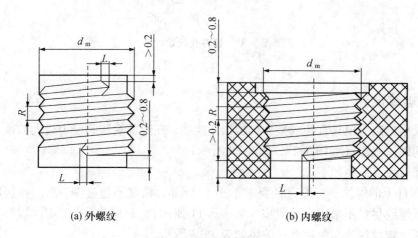

(a) 外螺纹　　　　　　　　　　　　　　　(b) 内螺纹

图 3-32　塑料螺纹的结构

表 3-13　塑件上螺纹始末部分长度尺寸　　　　　　　　　　单位：mm

螺纹直径	螺距 P		
	<0.5	0.5～1	>1
	始端和末端过渡部分尺寸		
≤10	1	2	3
>10～20	2	3	4
>20～34	2	4	6
>34～52	3	6	8
>52	3	8	10

（3）在同一螺纹型芯或螺纹型环上有前后两段螺纹时，应使两段螺纹的旋向和螺距相同（如图 3-33（a）所示），否则无法使塑件从型芯或型环上拧下来。当螺距不等或旋向不同时，应采用两段型芯或型环组合在一起的成型方法，成型后分别拧下来，如图 3-33（b）所示。

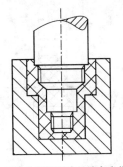 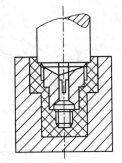

(a) 同一型芯上两段螺纹的旋向和螺距相同　　　(b) 螺距不同，两螺纹型芯成型

图 3-33　两段同轴不同直径螺纹

螺纹直接成型的方法如下。

（1）采用螺纹型芯或螺纹型环在成型后将塑件旋出。

（2）外螺纹采用瓣合模成型，塑件会带有不易除去的飞边。

（3）使用要求不高的螺纹用软塑料成型时，采用强制脱模。主要用于要求不高的软塑料成型，螺纹断面较浅，且为圆形或梯形，如图 3-34 所示。

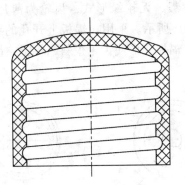

图 3-34　能强制脱出的圆牙螺纹

3.5　齿轮设计

目前，塑料齿轮在机械、电子、仪表等工业部门得到广泛应用，其常用的塑料有聚酰胺、聚碳酸酯、聚甲醛、聚砜等。为了使塑料齿轮适应注射成型工艺，齿轮的轮缘、辐板和轮毂应有一定的厚度，如图 3-35 所示。

齿轮各部分尺寸一般应满足以下关系。

（1）轮缘宽度 $t \geqslant 3$ 倍齿高 h。

（2）辐板厚度 $H_1 \leqslant$ 轮缘厚度 H。

（3）轮毂厚度 $H_2 \geqslant$ 轮缘厚度 H 或 $H_2 =$ 轴孔直径 D。

（4）轮毂外径 $D_1 \geqslant$ （1.5～3）倍轴孔直径 D。

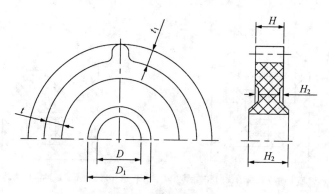

图 3-35　齿轮的尺寸设计

　　为了减小尖角处的应力集中及齿轮在成型时内应力的影响，设计齿轮时应尽量平缓过渡，尽可能加大圆角及过渡圆弧的半径。装配时为了避免装配产生内应力，轴和孔的配合应尽可采用过渡配合，不采用过盈配合。图 3-36 所示为轴与齿轮孔两种固定方法。其中，图 3-36（a）为常用的轴和孔成月形孔过渡配合，图 3-36（b）轴和孔采用两个销孔固定。

　　齿顶圆在 50 mm 以下、齿宽在 1.5～3.5 mm 以内的较小的齿轮，由于厚度不均匀会引起齿轮歪斜，一般设计成无轮毂、无轮缘形式，齿轮为薄片形。较大齿轮应采用薄肋形式，对称布置，如图 3-37（b）所示。采用在辐板上开孔的结构如图 3-37（a）所示，因孔在成型时很少向中心收缩，辐板变形使齿轮歪斜，将影响齿轮精度。相互啮合的塑料齿轮宜用相同塑料制成。

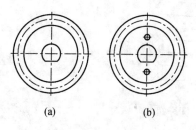

(a)　　　　　　　　(b)

图 3-36　塑料齿轮与轴的固定形式

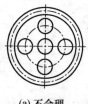

(a) 不合理　　　　　(b) 合理

图 3-37　较大塑料齿轮辐板形式

3.6　习　　题

1. 填空题

（1）塑件精密等级是指＿＿＿＿＿＿＿＿＿＿。

（2）塑件的表面粗糙度一般为＿＿＿＿μm，而模具的表面粗糙度数值要比塑件低 1～2 级，应为＿＿＿＿μm。

（3）塑件的表观质量是指塑件成型后的表观缺陷状态，如＿＿＿＿＿、＿＿＿＿＿、＿＿＿＿＿、＿＿＿＿＿等。

（4）塑料制品的总体尺寸主要受到塑料＿＿＿＿＿的限制。

（5）设计底部的加强筋的高度应至少低于支撑面＿＿＿＿＿。

（6）塑件的形状应利于其_____，塑件侧向应尽量避免设置_____或_____。

（7）对于需要经常装拆和受力较大的螺纹，应采用_____。

2. 判断题

（1）塑件精度与塑料材质有关。　　　　　　　　　　　　　　　　　　　（　　）

（2）塑料获得粗糙度值与塑件材质有关。　　　　　　　　　　　　　　　（　　）

（3）塑件的各部分壁厚应尽可能均匀一致，避免截面厚薄悬殊。　　　　（　　）

（4）为了增加塑件螺纹的强度，防止最外圈螺纹进裂或变形，其始端和末端均不应突
然开始或结束，应有一过渡段。　　　　　　　　　　　　　　　　　　　（　　）

3. 简答题

（1）塑件设计的基本原则是什么？

（2）塑件壁厚对塑件质量有哪些影响？设计时应注意哪些问题？

（3）为什么塑件要设计成圆角的形式？

（4）塑件能够进行强制脱模的条件是什么？

（5）加强筋的作用有哪些？

（6）螺纹直接成型的方法有哪些？

4. 概念题

脱模斜度、嵌件。

5. 分析题

对图 3-38 所示的塑件设计进行合理化分析，并对不合理设计进行修改。

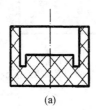 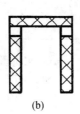 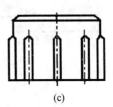

（a）　　　　　　　　　　（b）　　　　　　　　　　（c）

图 3-38　塑件设计

6. 技能题

（1）熟悉表 3-5，掌握常用塑料的推荐壁厚。

（2）按照推荐壁厚、脱模斜度、圆角、加强筋的设计要求设计一种塑料件，标明材质
和精度要求，可以使用 Pro/E 或 UG 等 3D 软件。

第4章 注射成型设备选择

注塑时，模具装夹在注射机上，熔融塑料被注入成型模腔内，并在腔内冷却定型，然后动定模分开，经由推出系统将制品从模腔顶出离开模具，最后模具再闭合进行下一次注塑，整个注塑过程是循环进行的。

4.1 注射机的结构

注射机通常由注射系统、合模系统、液压传动系统、电气控制系统、润滑系统、加热冷却系统、安全保护与监测系统等组成。常见的卧式注射机示意图如图4-1所示。

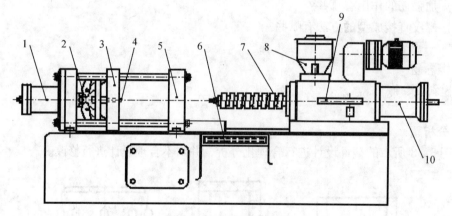

图4-1 卧式注射机示意图

1—合模液压缸 2—合模机构 3—动模固定板 4—顶杆 5—定模固定板
6—控制台 7—料筒 8—料斗 9—定量供料装置 10—注射液压缸

1. 注射系统

注射系统是注射机最主要的组成部分之一，主要有柱塞式、螺杆式两种主要形式，如图4-2、图4-3所示。目前，应用最广泛的是螺杆式。螺杆注射机的作用是：在注射机的一个循环中，能在规定的时间内将一定数量的塑料加热塑化后，在一定的压力和速度下，通过螺杆将熔融塑料注入模具型腔中。注射结束后，对注射到模腔中的熔料保持定型。

注射系统由塑化装置和动力传递装置组成。螺杆式注射机塑化装置主要由加料装置、料筒、螺杆、喷嘴组成，动力传递装置包括注射液压缸、注射座移动液压缸以及螺杆驱动装置（熔胶马达）。

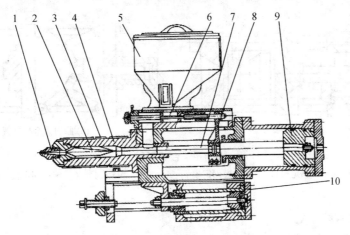

图 4-2　柱塞式注射机

1—喷嘴　2—分流梭　3—加热器　4—料筒　5—料斗　6—计量室
7—注射柱塞　8—传动臂　9—注射活塞　10—注射座移动液压缸

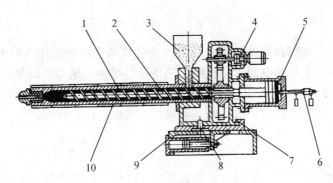

图 4-3　螺杆式注射机

1—料筒　2—螺杆　3—料斗　4—螺杆传动装置　5—注射液压缸　6—计量装置
7—注射座　8—转轴　9—注射座移动液压缸　10—加热器

2. 合模系统

合模系统的作用是保证模具闭合、开启及顶出制品。同时，在模具闭合后，给予模具足够的锁模力，以抵抗熔融塑料进入模腔产生的模腔压力，防止模具开缝，造成制品的不良现状。

合模系统主要由合模装置、调模机构、顶出机构、前后固定模板、移动模板、合模液压缸和安全保护机构组成。

图 4-4（a）是液压合模装置，图 4-4（b）是液压——曲肘式合模装置。

3. 液压传动系统

液压传动系统的作用是实现注射机按工艺过程所要求的各种动作提供动力，并满足注射机各部分所需压力、速度、温度等的要求。它主要由各种液压元件和液压辅助元件组成，其中油泵和电动机是注射机的动力来源。各种阀控制油液压力和流量，从而满足注射成型工艺各项要求。

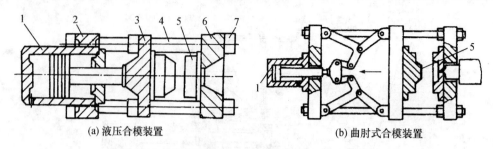

(a) 液压合模装置　　　　　　　　　　(b) 曲肘式合模装置

图 4-4　合模系统

1—合模液压缸　2—后固定模板　3—动模固定模板　4—拉杆　5—模具　6—定模固定板　7—拉杆螺母

4. 电气控制系统

电气控制系统与液压传动系统合理配合，可实现注射机的工艺过程要求（压力、温度、速度、时间）和各种原理示意图程序动作。电气控制系统主要由电器、电子元件、仪表、加热器、传感器等组成。一般有四种控制方式，即手动、半自动、全自动、调整。

5. 加热/冷却系统

加热系统是用来加热料筒及注射喷嘴的，注射机料筒一般采用电热圈作为加热装置，安装在料筒的外部，并用热电偶分段检测。热量通过筒壁导热为物料塑化提供热源；冷却系统主要是用来冷却油温，油温过高会引起多种故障出现所以油温必须加以控制。另一处需要冷却的位置在料管下料口附近，防止原料在下料口熔化，导致原料不能正常下料。

6. 润滑系统

润滑系统是在注射机的动模板、调模装置、连杆机铰等处有相对运动的部位提供润滑条件的回路，以便减少能耗和延长零件使用寿命，润滑可以是定期的手动润滑，也可以是自动电动润滑；

7. 安全保护与监测系统

注射机的安全装置主要是用来保护人、机安全的装置。安全装置主要由安全门、液压阀、限位开关、光电检测元件等组成，实现电气—机械—液压的连锁保护。

监测系统主要对注射机的油温、料温、系统超载、工艺和设备故障进行监测，发现异常情况进行指示或报警。

4.2　注射机的分类

1. 按外形特征分类

注射机按外形特征可分为立式、卧式、角式三种，如图 4-5 所示。

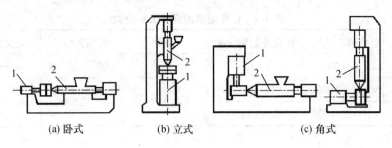

(a) 卧式　　　　　　　(b) 立式　　　　　　　(c) 角式

图 4-5　注射机类型

（1）卧式注射机

卧式注射机的注射装置与锁模装置的轴线呈一直线水平排列，使用广泛。

① 优点：重心低，稳定；加料、操作及维修方便；塑件可自行脱落，易实现自动化。

② 缺点：模具安装麻烦，嵌件安放不稳，机器占地面积较大。

（2）立式注射机

立式注射机的注射装置与锁模装置的轴线呈一直线垂直排列。

① 优点：占地少，模具拆装方便，易于安放嵌件。

② 缺点：重心高，加料困难；推出的塑件要由手工取出，不易实现自动化；容积较小。

（3）角式注射机

角式注射机的注射装置与锁模装置的轴线是相互垂直排列的。其优点、缺点介于立式注射机和卧式注射机之间，特别适用于成型中心不允许有浇口痕迹的平面塑件。

2. 按塑化方式分类

注射机按塑料在料筒的塑化方式不同可分为柱塞式注射机和螺杆式注射机。

（1）柱塞式注射机

注射柱塞直径为 20～100 mm 的金属圆杆，当其后退时物料自料斗定量地落入料筒内，柱塞前进时原料通过料筒与分流梭的腔内，将塑料分成薄片，均匀加热，并在剪切作用下塑料进一步混合和塑化，并完成注射。柱塞式注射机多为立式，注射量小于 30～60 g，不易成型、流动性差、热敏性强的塑料。

（2）螺杆式注射机

螺杆在料筒内旋转时，将料斗内的塑料卷入，逐渐压实、排气和塑化，将塑料熔体推向料筒的前端，积存在料筒顶部和喷嘴之间，螺杆本身受熔体的压力而缓慢后退。当积存的熔体达到预定的注射量时，螺杆停止转动，在液压缸的推动下，将熔体注入模具。卧式注射机多为螺杆式。

3. 按加工能力分类

按注射机加工能力可分为超小型、小型、中型、大型和超大型（巨型）注射机，其相应的注射量和锁模力如表 4-1 所示。

表 4-1　按注射机的规格大小分类

类型	合模力/kN	理论注射量/cm³	类型	合模力/kN	理论注射量/cm³
超小型	<160	<16	大型	5 000～12 500	4 000～10 000
小型	160～2 000	16～630	超大型	>12 500	>16 000
中型	2 000～4 000	800～3 150			

4. 按注射机的用途分类

随着塑料新产品的不断开发和应用，注射机的应用范围也在不断扩大，有通用型的，也有专用型的。目前主要有热塑性通用型、热固性塑料型、发泡型、排气型、高速型、多色、精密、鞋用及螺纹制件等类型。

4.3　注射机的规格型号

注射机产品型号表示方法各国不尽相同，国内也没有完全统一，国际上比较通用的是注射容积与锁模力共同表示法，注射容积与锁模力是从成型塑件质量与锁模力两个主要方面表示设备的加工能力，因此比较全面合理。如 SZ-63/400，即表示塑料注射机（SZ），理论注射容积为 63 cm³，锁模力为 400 kN。

国内常用 XS-ZY 表示注射机型号，如 XS-ZY-125A，XS-ZY 是指预塑式（Y）塑料（S）注射（Z）成型（X）机，125 为设备的注射容积为 125 cm³，A 为设备设计序号第一次改型。也有塑料机械生产厂家为了加强宣传作用，用厂家名称缩写加上注射容积或合模力数值来表示注射机的规格。如 HD188 为宁波市海达塑料机械有限公司生产的注射机，188 指注射机的锁模力为 1 880 kN。

表 4-2 摘列了部分 XS-Z、XS-ZY 系列注射机的主要技术参数。

表 4-2　部分 XS-Z、XS-ZY 系列注射机主要技术参数

项目 ＼ 型号	XS-Z 30/25	XS-Z 60/50	XS-ZY 60/40	XS-ZY 125/90	XS-ZY 250/180	XS-ZY 250/160	XS-ZY 350/250
螺杆直径/mm	30	40	35	42	50	50	55
注射容量/cm³	30	60	60	125	250	250	350
注射质量/g	27	55	55	114	228	228	320
注射压力/MPa	116	120	135	116	147	127	107
注射速率/（g·s⁻¹）	38	60	70	72	114	134	145
塑化能力/（kg·h⁻¹）	13	20	24	35	55	55	70
注射方式	柱塞式	柱塞式	螺杆式	螺杆式	螺杆式	螺杆式	螺杆式
锁模力/kN	250	500	400	900	1 800	1 600	2 500
移模行程/mm	160	180	270	300	500	350	260
拉杆间距/mm	235	190×300	330×300	260×290	295×373	370×370	290×368

续表

项目＼型号	XS-Z 30/25	XS-Z 60/50	XS-ZY 60/40	XS-ZY 125/90	XS-ZY 250/180	XS-ZY 250/160	XS-ZY 350/250
最大模厚/mm	180	200	250	300	350	400	400
最小模厚/mm	60	70	150	200	200	200	170
合模方式	肘杆	肘杆	液压	肘杆	液压	肘杆	肘杆
顶出行程/mm	140	160	70	180	90	220	240
顶出力/kN	12	15	12	15	28	30	35
定位孔径/mm	55	55	80	100	100	100	125
喷嘴移出量/mm	10	10	20	20	20	20	20
喷嘴球半径/mm	10	10	10	10	18	18	18
喷嘴孔半径/mm	4.0	4.0	4.0	4.0	4.0	4.0	4.0
系统压力/MPa	6	6	14.2	6	6	6.8	6
电动机功率/kW	5.5	11	15	15	24	39	24
加热功率/kW	2.2	2.7	4.7	5	9.8	6.7	10
外形尺寸 ($L \times W \times H$) / (m×m×m)	2.4×0.8 ×1.5	3.5×0.9× 1.6	3.3×0.9 ×1.6	3.4×0.8 ×1.6	4.7×1 ×4.5	5×1.3 ×1.9	4.7 ×4×1.8
质量/t	1	2	3	3.5	4.5	6	7

项目＼型号	XS-ZY 500/350	XS-ZY 500/200	XS-ZY 1 000/450	XS-ZY 1 000/550	XS-ZY 2 000/600	XS-ZY 3 000/630	XS-ZY 4 000/1 000
螺杆直径/mm	65	65	85	100	110	120	130
注射容量/cm³	500	500	1 000	1 000	2 000	3 000	4 000
注射质量/g	455	455	910	910	1 820	2 730	3 640
注射压力/MPa	102	132	118	118	108	113	125
注射速率/ (g·s⁻¹)	168	168	303	325	455	718	910
塑化能力/ (kg·h⁻¹)	80	110	125	180	195	245	290
注射方式	螺杆式	螺杆式	螺杆式	螺杆式	螺杆式	螺杆式	螺杆式
锁模力/kN	3 500	2 000	4 500	5 500	6 000	6 300	10 000
移模行程/mm	500	500	700	700	750	1 120	1 100
拉杆间距/mm	540×440	540×440	650×550	650×550	760×700	900×800	1 050×950
最大模厚/mm	450	440	700	700	800	960	1 000
最小模厚/mm	300	240	300	300	500	400	250
合模方式	肘杆	液压	液压	液压	肘杆	液压	液压
顶出行程/mm	100	128	190	190	125	200	150
顶出力/kN	58	41	95	95	120	110	160
定位孔径/mm	150	160	150	225	198	225	300
喷嘴移出量/mm	30	30	30	30	25	30	50
喷嘴球半径/mm	18	20	18	18	18	18	18

型号 项目	XS-ZY 500/350	XS-ZY 500/200	XS-ZY 1000/450	XS-ZY 1000/550	XS-ZY 2000/600	XS-ZY 3000/630	XS-ZY 4000/1000
喷嘴孔半径/mm	5.0	5.0	7.5	7.5	—	—	10
系统压力/MPa	6	13.6	13.6	13.6	13.6	13.6	13.6
电动机功率/kW	29.5	41	64	62.5	103	137	182
加热功率/kW	14	17	16.5	18	21	40	45.4
外形尺寸（$L \times$ $W \times H$）/（m×m×m）	6.5×1.3 ×2	6×1.5 ×2	7.7×1.8 ×2.4	7.4×1.7 ×24	10.9×1.9 ×3.5	11×2.9 ×3.2	14×2.4 ×2.9
质量/t	12	9	20	25	37	50	65

4.4　注射机的选用和注射模的关系

　　任何注射模都是安装在注射机上使用的，在注射成型生产中二者密不可分。注射机的选用包括两方面的内容：一是确定注射机的型号，使塑料、塑件、注射模及注射工艺等所要求的注射机的规格参数在所选注射机的规格参数可调的范围内；二是调整注射机的技术参数至所需要的参数。注射机的主要技术参数有公称注射量、注射压力、注射速率、注射时间、塑化能力、锁模力、合模装置的基本尺寸、开合速度及空循环时间等。这些参数是设计制造、购置和使用注射成型机的依据。

　　设计注射模时，首先要确定模具的结构、类型和尺寸，同时还必须了解模具和注射机的关系及注射机有关工艺参数、模具安装部位的相关尺寸。因此，对模具和注射机的一些参数，如注射机的公称最大注射量、最大注射压力、最大锁模力、有关安装尺寸、开模行程和顶出装置等有关数据进行校核，并通过校核来设计模具和选用注射机型号。确保设计出的模具在所选用的注射机上安装和使用。

4.4.1　公称注射量的校核

　　公称注射量是指对空注射的条件下，注射机的螺杆或柱塞作一次最大注射行程时，注射装置所能达到的最大注射量。选择注射机时，塑件和浇注系统凝料的总质量应为注射机公称注射量的20%～80%。校核最大注射量时应注意的是柱塞式注射机和螺杆式注射机标定的公称注射量是不同的。国际上规定柱塞式注射机的公称注射量是以一次注射聚苯乙烯的最大克数为标准；而螺杆式注射机标定的公称注射量是以螺杆在料筒中的最大推出容积表示。

4.4.2　额定注射压力的校核

　　额定注射压力的校核是指注射时为了克服塑料流经喷嘴、流道和型腔时的流动阻力，注射机的螺杆（或柱塞）对塑料熔体必须施加的压力。注射压力的校核是校核注射机的额定注射压力能否满足塑件成型时所需的压力，为此，注射机的额定注射压力应大于塑件成型所需要的注射压力。

$$p_e \geqslant kp \qquad\qquad (4-1)$$

式中　p_e——注射机额定注射压力（MPa）；

　　　p——塑件成型注射压力（MPa）；

　　　k——注射压力安全系数，一般为 1.25～1.4。

4.4.3　最大锁模力的校核

锁模力也称合模力，合模机构在注射过程中防止分型面胀开而施加在模具上的力。由于高压塑料熔体充满型腔时，会产生一个沿注射机轴向（模具开合方向）的很大推力，这个力如果大于注射机的最大锁模力，将产生溢料现象。因此，注射机的锁模力必须大于成型时的胀模力的 1.1～1.2 倍。

$$F \geqslant Cp_m A \qquad\qquad (4-2)$$

式中　F——锁模力；

　　　p_m——模具型腔内压力；

　　　A——塑件和浇注系统在分型面的投影面积总和；

　　　C——安全系数，一般为 1.1～1.2。

型腔内熔体的平均压力如表 4-3 所示。

表 4-3　型腔内熔体的平均压力

塑件特点	平均压力 p_m/MPa	举例
容易成型的塑件	24.5	PE、PP、PS 等壁厚均匀的日用品、容器
一般塑件	29.4	在较高模温下，成型薄壁容器类塑件
中等黏度的塑件和有精度要求的塑件	34.3	ABS、PMMA 等精度要求较高的工程结构件，如壳体、齿轮等
高黏度塑件、高精度、难于成型的塑件	39.2	用于机器零件上高精度的齿轮或凸轮等

4.4.4　安装部分的尺寸校核

设计模具时应校核的主要参数有喷嘴尺寸、定位圈尺寸、模板尺寸、拉杆间距、最大模具厚度、最小模具厚度及模板上的安装螺纹孔尺寸。

1. 喷嘴尺寸

模具需要与注射机对接，所以模具的主流道始端应与注射机喷嘴头球面半径相适应，如图 4-6（a）所示，注射机喷嘴球半径 R_0 和喷嘴前端孔径 d 与模具主流道浇口套始端的球半径 R 和小端直径 d 应满足下列关系：

$$R = R_0 + (1～2) \text{ mm}$$
$$d = d_0 + (0.5～1) \text{ mm}$$

浇口套球面半径 R 比喷嘴球面半径 R_0 大 1～2 mm，保证高压熔体不从狭缝处溢出。

浇口套小端孔径 d 比喷嘴孔径 d_0 大 $0.5\sim1\,mm$，保证注射成型在主流道处不形成死角，无熔料积存，便于主流道内的塑料凝料脱出。如图 4-6（b）所示是配合不良的。因此模具设计时主浇口套的设计或选取应在注射机确定的前提下进行。

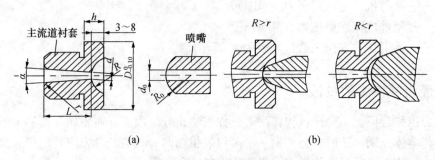

图 4-6　喷嘴和浇口套的关系

2. 定位圈尺寸

为了使模具的主流道的中心线与注射机喷嘴的中心线相重合，注射机定模板上设有一定位孔，模具的定位部分（或主流道衬套）要设有一个凸台，即定位圈，两者之间按一定的间隙配合，如图 4-7 所示。

小型模具 h 取 $8\sim10\,mm$；

大型模具 h 取 $10\sim15\,mm$。

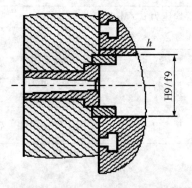

图 4-7　模具的定位圈和注射机定位孔的配合

3. 合模装置的基本尺寸

合模装置的基本尺寸主要包括模板尺寸、拉杆间距、模具最大开距、动模板行程、模具最大厚度、模具最小厚度。

（1）模板尺寸

模板尺寸（$H\times V$）和拉杆有效间距（$H_0\times V_0$）如图 4-8 所示。显然这两个尺寸都涉及所用模具的大小。因此，应校核模具的外形尺寸，使得模具能从注射机拉杆之间装入。

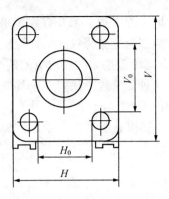

图 4-8　模板尺寸、拉杆尺寸

（2）模具的厚度

注塑模的动、定模两部分闭合后，沿闭合方向的长度称为模具厚度或模具闭合高度。各种规格的注射机可安装模具的最大厚度和最小厚度均有限制（国产机械锁模的角式注射机对模具的最小厚度无限制），在设计模具时应使模具的总厚度位于注射机可安装模具的最大厚度和最小厚度之间，如图 4-9 所示。

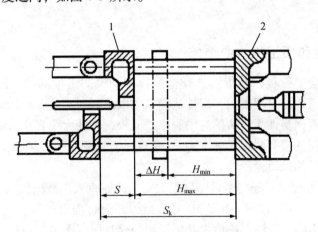

图 4-9　注射机动、定模固定板的间距

1—注射机的动模固定板　2—注射机定模固定板

一般情况下，实际模具厚度 H_M 与注射机允许安装的最大模厚 H_{max} 及最小模厚 H_{min} 之间必须满足下面条件，即：

$$H_{min} \leqslant H_M \leqslant H_{max} \qquad H_{max} = H_{min} + \Delta H \qquad (4\text{-}3)$$

式中　H_M——模具闭合厚度（mm）；

　　　　H_{min}——注射机允许的最小模具厚度（mm）；

　　　　H_{max}——注射机允许的最大模具厚度（mm）；

　　　　ΔH——注射机调节螺母的长度（mm）。

如果所选用的注射机出现 $H_M < H_{min}$ 的情况，可采用加设垫板以增大 H_M 解决合模问题。

（3）模具的安装和紧固

模具的动模安装在注射机动模板上，模具的定模安装在注射机定模板上。为了安装紧固模具，注射机上的动模和定模两个固定板上都开有许多间距不同的螺纹孔。因此，设计模具时必须注意模具的安装尺寸应当与这些螺纹孔的位置及孔径相适应（只要保证与其中一组对应即可），以便能将动模和定模分别紧固在对应的两个固定板上。

　　模具常用的安装紧固方法有两种：一种方法是在模具的安装部位打螺栓通孔，用螺栓直接和注射机的固定板紧固，如图 4-10（a）所示；另一种方法是采用压板压紧模具的安装部位，如图 4-10（b）所示。一般模具质量较小采用压板固定，模具质量较大采用螺钉固定。

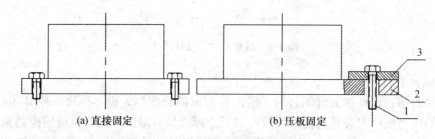

(a) 直接固定　　　　　　　　　　　(b) 压板固定

图 4-10　模具的安装紧固方式

1—螺栓　2—垫块　3—压板

4.4.5　开模行程和顶出机构的校核

　　开模行程也称合模行程，是指模具开合过程中动模固定板的移动距离，用符号 S 表示。注射机的开模行程是有限制的，塑件从模具中取出时所需的开模距离必须小于注射机的最大开模行程，否则塑件无法从模具中脱出。开模行程的大小直接影响模具所能成型制品高度。　因此，设计模具时必须校核注射机的开模行程和所需要的开模距离是否相适应。下面分三种情况加以讨论。

　　（1）注射机最大开模行程与模具厚度无关。当注射机采用液压机械联合作用的锁模装置时，如 XS-Z30、XS-ZY-125、XS-Z-50 等，最大开模行程由连杆机构的最大行程决定，并不受模具厚度的影响，即注射机最大开模行程与模具厚度无关。在这类注射机上使用单分型面和双分型面注塑模，可分别用下面两种方法校核模具所需的开模距离是否与注射机的最大开模行程互相适应。

　　① 对于单分型面注塑模（如图 4-11 所示）有

$$S_{max} \geqslant H_1 + H_2 + （5-10）\ mm \tag{4-4}$$

　　② 对于双分型面注塑模（如图 4-12 所示）有

$$S_{max} \geqslant H_1 + H_2 + a + （5-10）\ mm \tag{4-5}$$

式中　H_1——塑件所用的脱模距离（mm）；

　　　H_2——塑件和塑件的浇注系统凝料总高度（mm）；

　　　a——取出浇注系统凝料所必需的长度（mm）。

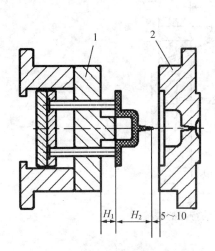
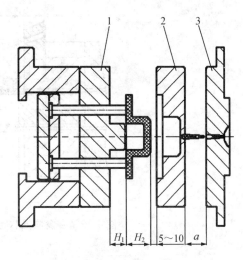

图 4-11　单分型面注射模开模情况　　　图 4-12　双分型面注射模开模情况
1—型芯　2—型腔　　　　　　　　　　1—型芯　2—型腔　3—流道板

（2）注射机最大开模行程与模具厚度有关。当注射机采用全液压式合模系统（如 XS-ZY-250）和机械合模的角式注射机 SY-45、SYS-20 时，其最大开模行程直接与模具厚度有关，即

$$S_{\max} = S_k - H_M \tag{4-6}$$

式中　S_k——注射机动模固定板和定模固定板的最大间距（mm）；

　　　　H_M——模具厚度（mm）。

如果在上述两类注射机上使用单分型面或双分型面模具，可分别用下面两种方法校核模具所需的开模距离是否与注射机的最大开模行程 $S_{\max}$ 相适应：

① 对于单分型面注塑模（如图 4-11 所示）

$$S_{\max} = S_k - H_M \geq H_1 + H_2 + (5\sim10) \quad \text{mm} \tag{4-7}$$

$$\text{或} \quad S_k \geq H_M + H_1 + H_2 + (5\sim10) \quad \text{mm} \tag{4-8}$$

② 对于双分型面注塑模（如图 4-12 所示）

$$S_{\max} = S_k - H_M \geq H_1 + H_2 + a + (5\sim10) \quad \text{mm} \tag{4-9}$$

$$\text{或} \quad S_k \geq H_M + H_1 + H_2 + a + (5\sim10) \quad \text{mm} \tag{4-10}$$

式中符号意义同上。

（3）有侧向抽芯时的最大开模行程校核。当模具需要利用开模动作完成侧向抽芯动作时，如图 4-13 所示，所需最大开模行程必须还要考虑侧向抽芯抽拔距离。设完成侧向抽芯动作的开模距离为 H_c，则可分下面两种情况校核模具所需的开模距离是否与注射机的最大开模行程相适应。

① 当 $H_c > H_1 + H_2$ 时，可用 H_c 代替前面诸校核公式中的 $H_1 + H_2$，其他各项均保持不变。

② 当 $H_c \leq H_1 + H_2$ 时，可不考虑 H_c 对最大开模行程的影响，仍用以上诸式进行校核。

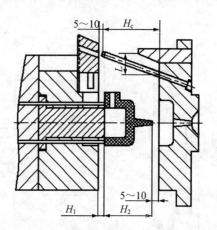

图 4-13　有侧向抽芯时开模行程的校核

4.4.6　模具推出装置和注射机顶出装置校核

由于各种注射机合模系统中顶出装置的不同,在设计模具时必须使模内的推出脱模机构与合模系统的顶出装置相匹配。一般是根据合模系统顶出装置的顶出形式、顶杆直径、顶杆间距和顶出距离等,对模具内的顶杆或推杆配置位置、长度能否达到使塑件脱模的效果进行校核。目前,国产注射机中顶出装置的顶出形式分为下面几类。

（1）中心顶杆机械顶出,如卧式 XS-Z60、XS-ZY-360、SYS-30、SYS-45。

（2）两侧双顶杆机械顶出,如 XS-Z-30、XS-ZY-125。

（3）中心顶杆液压顶出与两侧顶杆机械顶出联合作用,如卧式 XS-ZY-250、XS-ZY-500。

（4）中心顶杆液压顶出与其他开模辅助液压缸联合作用,如 XS-ZY-1000。

4.5　习　　题

1. 填空题

（1）注射机按塑料在料筒里的塑化方式可分为＿＿＿＿＿＿和＿＿＿＿＿＿。

（2）在注射机的标准中,大多以＿＿＿＿＿＿和＿＿＿＿＿＿来共同表示注射机的主要特征。

（3）注射机按其外形可分为＿＿＿＿＿＿、＿＿＿＿＿＿、＿＿＿＿＿＿三种。

（4）注射机通常由＿＿＿＿＿＿、＿＿＿＿＿＿、＿＿＿＿＿＿、＿＿＿＿＿＿、＿＿＿＿＿＿、＿＿＿＿＿＿等组成。

（5）注射机采用液压机械联合作用的锁模机构,其最大开模行程与模厚＿＿＿＿＿＿,是由连杆机构的＿＿＿＿＿＿决定的。

（6）螺杆式注射机塑化装置主要由＿＿＿＿＿＿、＿＿＿＿＿＿、＿＿＿＿＿＿部分组成。

（7）合模系统主要由＿＿＿＿＿＿、＿＿＿＿＿＿、＿＿＿＿＿＿、合模液压缸和安全保护机构组成。

（8）国内常用 XS-ZY 表示注射机型号的，例如 XS-ZY-125A 中的 Y 表示预塑式，S 表示_____，Z 表示_____，X 表示_____，125 为设备的注射容积为_____，A 为设备设计序号第一次改型。

2. 概念题
公称注射量、注射压力、锁模力。

3. 简答题
在模具设计时，注射机要进行哪些参数的校核？

第5章　注射成型模具结构

在工业生产中，用各种压力机和装在压力机上的专用工具，通过压力把金属或非金属材料制出所需形状的零件或制品，这种专用工具统称为模具。

塑料模具是一种生产塑料制品的工具。它由几组零件部分构成，这个组合内有成型模腔。注射模具是安装在注射机上，完成注射成型工艺所使用的模具。

5.1　注射模具的组成和分类

5.1.1　注射模具的结构组成

注射模具类型不同，其结构各不相同，但其基本结构都由定模和动模两个部分组成。其中定模安装在注射机的固定模板上，动模固定在注射机的动模板上，由注射机的合模机构带动动模运动，完成模具的合模、开模及塑件的顶出。注射模具的结构与塑料的品种、塑件的结构和注射机的种类等很多因素有关。一般情况，注射模具由成型零部件、浇注系统、导向零部件、推出机构、调温系统、排气系统和支撑零部件组成，如果塑件有侧向的孔或凸台，注射模具还包括侧向分型与抽芯机构。

1. 成型零部件

构成塑料模具模腔的零件统称为成型零部件，通常包括型芯（成型塑件内部形状）、型腔（成型塑件外部形状）、镶嵌件等。如图 5-1 中所示的定模板、型芯就是成型零部件。

2. 浇注系统

将塑料由注射机喷嘴引向型腔的流道称为浇注系统，浇注系统分主流道、分流道、浇口、冷料穴四个部分，由浇口套、拉料杆和定模板上的流道组成。

3. 导向机构

为确保动模与定模合模时准确对中而设导向零部件。导向机构通常由导柱、导套或在动模定模上分别设置互相吻合的内外锥面组成。如图 5-1 中所示的导柱、导套。

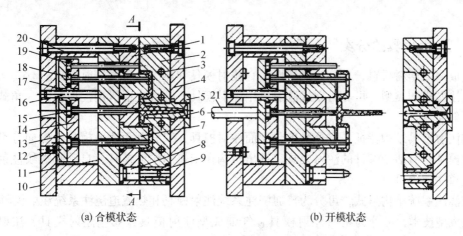

(a) 合模状态　　　　　　　　　　(b) 开模状态

图 5-1　单分型面注射模具结构

1—动模板　2—定模板　3—冷却水道　4—定模座板　5—定位圈　6—浇口套　7—型芯　8—导柱
9—导套　10—动模座板　11—支撑板　12—支撑钉　13—推板　14—推板固定板　15—主流道拉料杆
16—推板导柱　17—推板导套　18—推杆　19—复位杆　20—垫板　21—注射机顶杆

4. 推出装置

在开模过程中，将塑件从模具中推出的装置。有的注射模具的推出装置为避免在顶出过程中推出板歪斜，还设有导向零部件，使推板保持水平运动。推出装置由推杆、推板、推杆固定板、复位杆、主流道拉料杆、支撑钉、推板导柱及推板导套组成。如图 5-1 中所示的推板、推板固定板、推板导柱、推板导套、推杆、复位杆、主流道拉料杆。

5. 温度调节

为了满足注射工艺对模具温度的要求，模具设有冷却或加热系统。冷却系统一般在模具内开设冷却水道，冷却系统由冷却水道和水嘴组成；加热系统则在模具内部或周围安装加热元件，如电加热元件。图 5-1 中所示的冷却水道就是用于温度调节。

6. 结构零部件

用来安装固定或支撑成型零部件及前述的各部分机构的零部件。支撑零部件组装在一起，可以构成注射模具的基本骨架。如图 5-1 中所示的垫板、动模座板、支撑板、定模座板。

7. 排气系统

为了将成型时塑料本身挥发的气体排出模外，常常在分型面上开设排气槽。对于小塑件的模具，可直接利用分型面或推杆等与模具的间隙排气。

8. 侧向分型与抽芯机构

当有些塑件有侧向的凹凸形状的孔或凸台时，必须先把侧向的凹凸形状的瓣合模块或侧向的型芯从塑件上脱开或抽出。

5.1.2　注射模具的分类

按成型的塑料材料，可分为热塑性塑料注射模具和热固性塑料注射模具。

按注射机的类型，可分为立式注射机用注射模具、卧式注射机用注射模具、角式注射机用注射模具。

按注射模具结构特征，可分为单分型面注射模具、双分型面注射模具、侧向分型与抽芯注射模具、有活动镶件的注射模具、推出机构在定模的注射模具、自动卸螺纹注射模具和无流道注射模具。

按浇注系统结构形式，可分为普通浇注系统注射模具和热流道浇注系统注射模具。

按成型技术，可分为精密注射模具、气辅成型注射模具、双色注射模具、注射压缩模具。

5.2　典型注射模具结构

5.2.1　单分型面注射模具

单分型面注射模具的工作原理（如图 5-1 所示）：模具合模时，在导柱 8 和导套 9 的导向定位下，动模和定模闭合。模腔由定模板 2 上的型腔与固定在动模板上型芯 7 组成，并由注射机合模系统提供的锁模力锁紧。然后注射机开始注射，塑料熔体经定模上的浇注系统进入型腔，带熔体充满型腔并经过保压、补塑和冷却定型后开模。开模时，注射机合模系统带动动模后退，模具从动模和定模分型面 A—A 处分开，塑件包在型芯上随动模一起后退，同时，拉料杆 15 将浇注系统的主流道凝料从浇口套中拉出。当动模移动一定距离后，注射机的顶杆 21 接触推板 13，推板机构开始动作，使推杆 18 和拉料杆 15 分别将塑件及浇注系统凝料从型芯 7 和冷料穴中推出，塑件同浇注系统凝料一起从模具中落下，至此完成一次注射过程。合模时，推出机构靠复位杆 19 复位并准备下一次注射。

单分型面注射模具只有一个分型面，因此称为单分型面注射模具，也称为两板式注射模具。这是注射模具中最简单且用得最多的一种结构形式。

5.2.2　双分型面注射模具

双分型面注射模具与单分型面注射模具相比，增加了一个用于取浇注系统凝料或其他功能的辅助分型面，因此称为双分型面注射模具。这种注射模具主要用于点浇口的注射模具、侧向分型与抽芯机构设在定模一侧的注射模具以及因塑件结构特殊需要的顺序分型注射模具中，它们的结构较复杂。

双分型面注射模具的工作过程如下。

开模时，注射机开合模系统带动动模部分后移，模具首先在 B—B 分型面分型，由于拉料杆 1 的作用，浇注系统凝料留在定模，并与塑件分离，当型腔板 16 碰到拉杆 5 的大径后，型腔板停止移动，模具在 A—A 分型面分型（如图 5-2（b）所示），塑件与型腔分离，动模运动到一定距离，拉板 4 起作用，动模带动型腔板、拉料板一起运动，在 C—C 处分型，从而浇注系统凝料与拉料杆和浇口套分离，开模完毕后，塑件在推杆的作用下与型芯分离（如图 5-2（c）所示）。

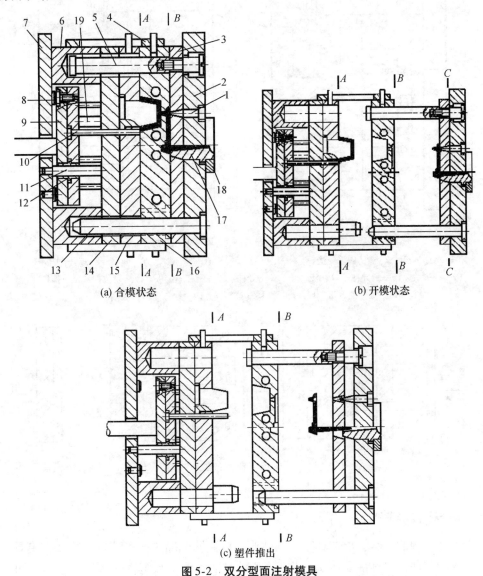

(a) 合模状态　　　　　　　　　　　　　　(b) 开模状态

(c) 塑件推出

图 5-2　双分型面注射模具

1—拉料杆　2—定模座板　3—拉料板　4—拉板　5—拉杆　6—垫块　7—动模座板
8—垃圾钉　9—推板　10—推杆　11—推板导柱　12—推板导套　13—导柱　14—垫板
15—型芯固定板　16—型腔板　17—浇口套　18—定位圈　19—复位杆

5.2.3　斜导柱侧向分型与抽芯注射模具

当塑件上带有侧孔或侧凹时，在模具中要设置由斜导柱或斜滑块等组成的侧向分型与抽芯机构，使侧型芯作横向运动（如图 5-3、图 5-4 所示）。在塑件脱模前先将活动型芯抽出，否则就无法脱模。带动活动型芯作侧向移动（抽拔与复位）的整个机构称为侧向分型与抽芯机构。

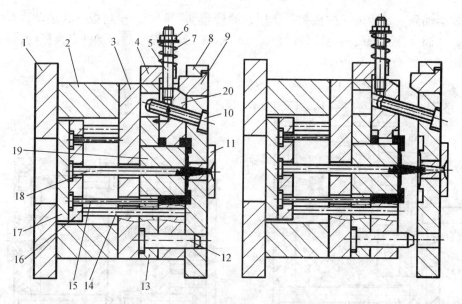

图 5-3　斜导柱侧向分型与抽芯机构

1—动模座板　2—垫块　3—垫板　4—定位板　5—螺杆　6—螺母　7—弹簧　8—动模座板
9—楔紧块　10—斜导柱　11—浇口套　12—导柱　13—型芯固定板　14—复位杆　15—推杆
16—推杆固定板　17—推板　18—拉料杆　19—型芯　20—侧抽芯

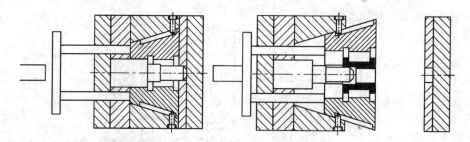

图 5-4　斜滑块侧向分型机构

5.2.4　带有活动镶件的注射模具

由于塑件结构的特殊要求，如带有内侧凸、内侧凹或螺纹孔等塑件，需要在模具中设置活动的成型零件，也称活动镶块（件）。开模时活动镶块与塑件一起脱离模具，再人工使之与塑件分离（如图 5-5 所示）。

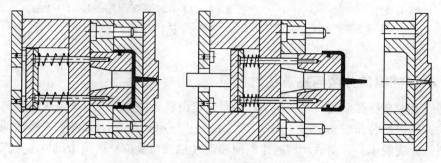

图 5-5　带有活动镶件的注射模具

5.2.5　热流道注射模具

　　普通的浇注系统注射模具，在每次开模取塑件时，都有流道凝料。热流道浇注系统与普通浇注系统的区别在于，在整个生产过程中，利用加热或绝热的办法使浇注系统中的塑料始终保持熔融状态，在每次开模时，只需取出塑件而没有浇注系统凝料（如图 5-6 所示）。压力损失小，可以对多点浇口，多型腔模具及大型塑件实现低压注射。另外，这种浇注系统没有浇注系统凝料，实现无废料加工，省去了去除浇口的工序，可节约人力和物力。

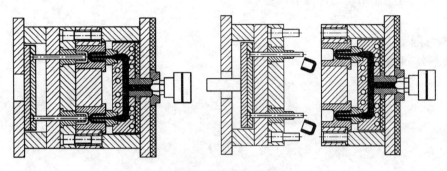

图 5-6　热流道注射模具

5.2.6　自动卸螺纹的注射模具

　　对于带有内螺纹或外螺纹的塑件，要求在注射成型后自动卸螺纹时，可在模具中设置能转动的螺纹型芯或型环，利用注射机本身的旋转运动或往复运动，将螺纹塑件脱出（如图 5-7 所示）。

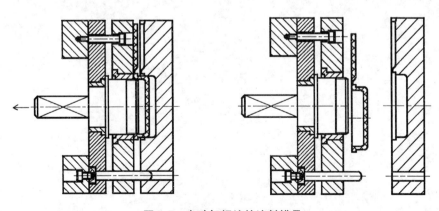

图 5-7　自动卸螺纹的注射模具

5.3　习　　题

1. 简答题

（1）注射模具的分类有哪些？

（2）注射模具的结构组成有哪几部分？

（3）简述双分型面注射模具的工作过程。

（4）热流道浇注系统的优点有哪些？

2. 概念题

模具、塑料模具。

第6章　分型面及型腔数量确定

6.1　分型面设计

6.1.1　分型面概述

为了塑件及浇注系统凝料的脱模和安放嵌件的需要，将模具型腔适当地分成两个或更多部分，这些可以分离部分的接触表面，就称为分型面。

一副模具根据需要可能有一个或两个以上分型面。分型面可能是垂直于合模方向或倾斜于合模方向，也可能是平行于合模方向。

分型面的形状有平面、斜面、阶梯面和曲面，如图6-1所示。分型面应尽量选择平面的，但为了适应塑件成型的需要和便于塑件脱模，也可以采用后三种分型面。后三种分型面虽然加工较困难，但是型腔加工比较容易。

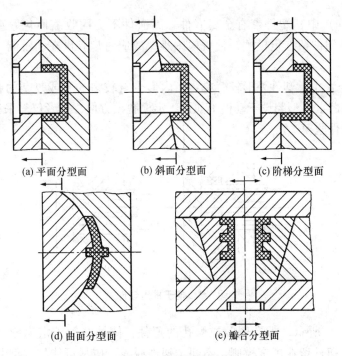

(a) 平面分型面　　　(b) 斜面分型面　　　(c) 阶梯分型面

(d) 曲面分型面　　　(e) 瓣合分型面

图6-1　分型面的形状

6.1.2　分型面选择的一般原则

分型面选择总的原则：保证塑件质量，且便于制品脱模和简化模具结构。

（1）分型面应便于塑件脱模和简化模具结构，尽可能使塑件开模时留在动模（或上模），便于利用注射机锁模机构中的顶出装置带动塑件脱模机构工作。若塑件留在定模（或下模），将增加脱模机构的复杂程度（如图6-2所示）。

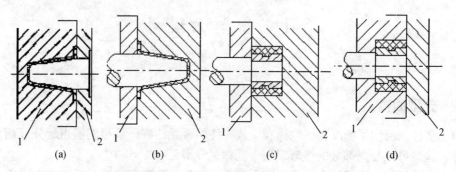

图6-2　塑件的留模方式

1—动模　2—定模

在图6-2（a）中，塑件会因收缩留在型芯上，从而留在定模侧，不方便塑件从型芯脱模；而图6-2（b）则留在动模侧，很方便注射机的推出机构和模具的推出部件把塑件从型芯上推出。

在图6-2（c）中，塑件带有金属嵌件，因嵌件不会因收缩而包紧型芯，型腔若仍设于定模，将使塑件留在定模侧，使脱模困难，故应将型腔设在动模侧（如图6-2（d）所示）。

在图6-3（a）中，塑件外形较简单，而内形带有较多的孔或复杂的孔时，塑件成型收缩将包紧在型芯上，型腔设于动模不如设于定模脱模方便，后者仅需采用简单的推板脱模机构便可使塑件脱模。

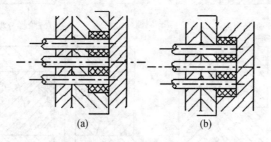

图6-3　便于推出塑件

如图6-4（a）所示，带有侧凹或侧孔的塑件，侧抽芯置于定模侧，型芯和侧抽芯与塑件分离后，塑件留在了定模侧，不便于塑件脱模，应尽可能将侧型芯置于动模部分（如图6-4（b）所示），以方便塑件推出。同时应使侧抽芯的抽拔距离尽量短，如图6-5所示。其中，图6-5（a）是正确的，图6-5（b）是错误的。

（2）分型面的选择应保证塑件的外观，并使其产生的溢料边易于消除或修整。

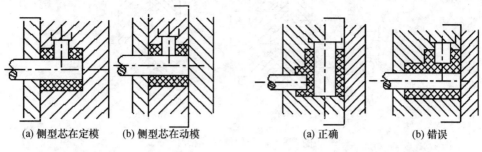

(a) 侧型芯在定模　(b) 侧型芯在动模	(a) 正确　　(b) 错误
图 6-4　侧孔侧凹优先置于动模	**图 6-5　侧抽芯抽拨距离尽量短**

分型面处要在塑件上留下溢料或拼合缝痕迹，分型面尽量不要设在塑件光亮平滑的外表面或带圆弧的转角处，如图 6-6（b）所示，若采用图 6-6（a）所示的形式将有损塑件外观质量。分型面还影响塑件飞边的位置，图 6-7（a）所示的塑件在 A 面产生径向飞边，图 6-7（b）在 B 面产生径向飞边，若改用图 6-7（c）所示的结构，则无径向飞边，但在周向则有分边，设计时应根据塑件使用要求和塑料性能合理选择分型面。

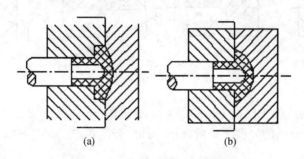

（a）　　　　　　　　　　　（b）

图 6-6　利于塑件外观表面质量

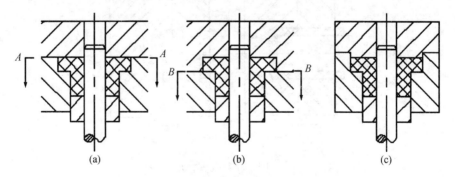

（a）　　　　　　　　（b）　　　　　　　　（c）

图 6-7　分型面对制品飞边的影响

（3）分型面的选择应保证塑件的质量。为了保证塑件的质量，对有同轴度要求的塑件，应将有同轴度要求的部分设在同一模板内。

在图 6-8 中，D 和 d 两表面有同轴度要求，选择分型面应尽可能使 D 与 d 同置于动模成型，图 6-8（b）所示合理，能保证同轴度要求。图 6-8（a）所示不合理，D 与 d 分别在动模与定模内成型，由于合模误差、模具装配误差等不利于保证其同轴度要求。

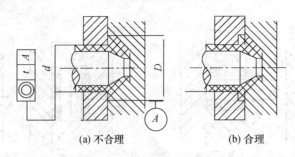

图 6-8　利于保持塑件精度

　　（4）分型面选择应有利于排气。应尽可能使分型面与料流末端重合，这样才有利于排气。图 6-9（a）合理，图 6-9（b）排气阻力大些。同理图 6-9（c）合理，图 6-9（d）排气不畅。

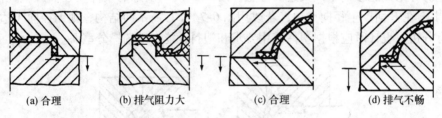

图 6-9　利于塑件排气

　　（5）分型面选择应便于模具零件的加工。图 6-10（a）所示的主分型面时平面，利于加工；图 6-10（b）所示的分型面是阶梯面，加工较困难。

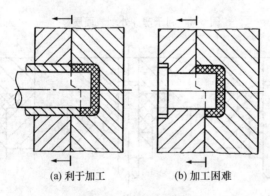

图 6-10　分型面利于加工

　　（6）分型面的选择应有利于防止溢料。若采用图 6-11（a）的形式分型，当塑件在分型面上的投影面积接近注射机最大成型面积时，将可能产生溢料；若改为图 6-11（b）所示的形式分型，则可克服溢料现象。（如果是小塑件则从易于脱模和模具加工考虑。）

　　（7）选择分型面时，应尽量减小由于脱模斜度造成塑件的大小端尺寸差异。当对制品外观要求高，不允许有分型痕迹时宜采用图 6-12（b）所示的形式分型，但当塑件较高时将使制品脱模困难或两端尺寸差异较大，因此在对制品外观严格要求的情况下，可采用图 6-12（a）的形式分型。

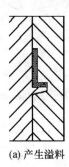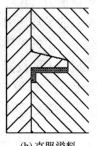

(a) 产生溢料　　　　　　　　(b) 克服溢料

图 6-11　注射机最大成型面积对分型面的影响

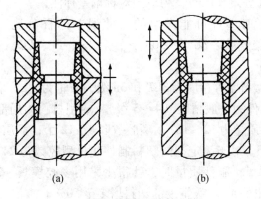

(a)　　　　　　　　　(b)

图 6-12　较高塑件的分模

在塑料注射模设计过程中，总会遇到分型面的确定问题，这是一个很复杂的问题，受到许多因素的制约，常常是顾此失彼。所以在选择分型面时应抓住主要因素，放弃次要因素。

6.2　型腔数目的确定

型腔数目的确定方法有多种，一是在模具设计任务中已经给定，二是给定注射机的型号，根据注射机的参数确定，三是根据塑件精度要求确定，四是根据经济性确定。

（1）按注射机的公称注射量确定型腔数 n。根据下式计算：

$$n \leqslant \frac{0.8V_g - V_j}{V_n} \tag{6-1}$$

式中　V_g——注射机最大注射量（cm^3）；

　　　V_j——浇注系统凝料量（cm^3）；

　　　V_n——单个塑件的容积（cm^3）。

（2）按注射机的额定锁模力确定型腔数 n。根据注射机的额定锁模力大于模具分型面胀模力的原理，$F \geqslant p\,(nA_n + A_j)$。

$$n \leqslant \frac{F - pA_j}{pA_n} \tag{6-2}$$

式中　F ——注射机的额定锁模力（N）；

　　　p ——塑料熔体对型腔的平均压力（MPa）；

　　　A_n——单个塑件在分型面上的投影面积（mm²）；

　　　A_j——浇注系统在分型面上的投影面积（mm²）。

（3）按制品的精度要求确定型腔数。生产经验认为，增加一个型腔，塑件的尺寸精度将降低4%，为了满足塑件尺寸精度需要，型腔数为：

$$n \leqslant 25 \frac{\delta}{L\Delta_s} - 24 \tag{6-3}$$

式中　L ——塑件基本尺寸（mm）；

　　　δ ——塑件的尺寸公差（mm），为双向对称偏差标注；

　　　Δ_s——单腔模注射时塑件可能产生的尺寸误差的百分比。（其数值对聚甲醛为 ±0.2%，聚酰胺－66 为 ±0.3%，对 PE、PP、PC、ABS 和 PVC 等塑料为 ±0.05%。）

对于注射模来说，塑料制件精度为 3 级和 3a 级，质量为 5 g，采用硬化浇注系统，型腔数取 4～6 个；塑料制件为一般精度（4～5 级），成型材料为局部结晶材料，型腔数可取 16～20 个；塑料制件质量为 12～16 g，型腔数取 8～12 个；而质量为 50～100 g 的塑料制件，型腔数取 4～8 个。对于无定型的塑料制件建议型腔数为 24～48 个、16～32 个和 6～10 个。当再继续增加塑料制件质量时，就很少采用多腔模具。7～9 级精度的塑料制件，最多型腔数较之指出的 4～5 级精度的塑料增多至 50%。

成型高精度制品时，型腔数不宜过多，通常推荐不超过 4 腔，因为多型腔难于使各型腔的成型条件均匀一致。

（4）按经济性确定型腔数 n。根据总成型加工费用最小的原则，并忽略准备时间和试生产原材料费用，仅考虑模具费用和成型加工费，则有

$$n = \sqrt{\frac{Nyt}{60C_1}} \tag{6-4}$$

式中　N ——制品总件数；

　　　Y ——每小时注射成型加工费（元/h）；

　　　t ——成型周期（s）；

　　　C_1——每一型腔所需承担的与型腔数有关的模具费用（元）。

6.3　习　　题

1. 填空题

（1）为了保证塑件质量，在分型面选择时，对有同轴度要求的塑件，将有同轴度要求的部分设在_____。

（2）为了便于塑件的脱模，在一般情况下，使塑件在开模时留在_____或_____。

2. 简答题

（1）分型面的选择原则有哪些?

（2）分型面的作用及其形式有哪些?

（3）型腔数目的确定方法有哪几种?

3. 概念题

分型面。

第7章　注射模具成型零部件设计

注射模具的成型零部件主要包括型腔、型芯、镶件和成型环等。成型零部件的结构设计，以成型符合质量要求的塑料制品为前提，同时考虑金属零部件的加工性及模具制造成本。

7.1　型腔的结构

型腔零部件是成型塑料件外表面的主要零部件。按结构不同可分为整体式型腔、组合式型腔机、整体嵌入式型腔。

1. 整体式型腔

整体式型腔是由整块金属加工而成的，如图 7-1（a）所示。整体式型腔的特点是牢固、不容易变形、不会使塑件产生拼接线痕迹。但是，由于整体式型腔加工较困难，所以常用于形状简单的中、小型模具上。

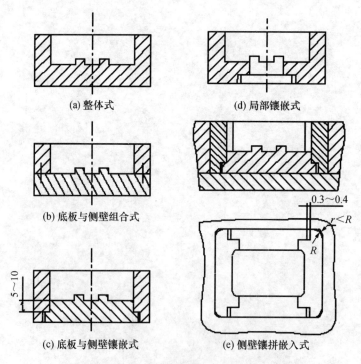

(a) 整体式　　(d) 局部镶嵌式

(b) 底板与侧壁组合式

(c) 底板与侧壁镶嵌式　　(e) 侧壁镶拼嵌入式

图 7-1　型腔的结构类型

2. 组合式型腔

组合式型腔是指型腔是由两个或两个以上的零部件组合而成。按组合方式不同,组合式型腔结构可分为局部镶嵌、侧壁镶嵌和四壁拼合等形式。组合式型腔结构的特点是改善了加工工艺性,减少热处理变形,节省优质钢材。组合式型腔适用于塑件外形较复杂,整体凹模加工工艺性差的模具上。

图 7-1(b)所示为底部与侧壁分别加工后用销钉定位、螺钉连接,图 7-1(c)所示为底部与侧壁分别加工后底部镶嵌入侧壁,拼接缝与塑件脱模方向一致,有利于脱模。图 7-1(d)所示为局部镶嵌,便于加工、磨损后更换方便。

对于大型和复杂的模具,可采用图 7-1(e)所示的侧壁镶拼嵌入式结构,将四侧壁与底部分别加工、热处理、研磨、抛光后压入模套,四壁相互锁扣连接,为使内侧拼接紧密,其连接处外侧应留有 0.3～0.4 mm 的间隙,在四角嵌入件的圆角半径 R 应大于模套圆角半径。

对于采用垂直分型面的模具,凹模常用瓣合式结构。图 7-2 为线圈架的型腔结构。

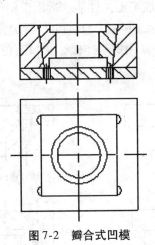

图 7-2　瓣合式凹模

组合式凹模易在塑件上留下拼接缝痕迹,设计时应合理组合,拼块数量少,减少塑件上的拼接缝痕迹,同时还应合理选择拼接缝的部位和拼接结构以及配合性质,使拼接紧密。此外,还应尽可能使拼接缝的方向与塑件脱模方向一致。

3. 整体嵌入式型腔

如图 7-3 所示,型腔是一个整体零部件,嵌入模板中,是设计模具时常用的结构。使用此结构镶件可以方便嵌入标准模架中,提高模具制造效率,而且只有嵌入的镶件采用价格昂贵的模具钢即可,模板采用相对较便宜的普通钢,节约模具钢材料。

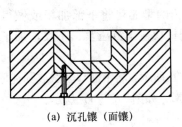

(a) 沉孔镶(面镶)

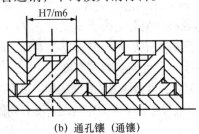

(b) 通孔镶(通镶)

图 7-3　整体嵌入式结构

7.2　型芯的结构

成型塑件内表面的零部件称为型芯，主要有主型芯、小型芯等。对于简单的容器（如壳、盖之类的塑件）成型，其主要部分内表面的型芯称为主型芯，成型其他小孔的型芯称为小型芯或成型杆。

1. 主型芯的结构设计

主型芯按结构可分为整体式和组合式两种。

整体式主型芯结构牢固但不便加工，消耗的模具钢多。主要用于工艺实验或小型模具上的简单型芯，其结构如图7-4（a）所示，适用于内表面形状简单的小型凸模。

组合式主型芯结构是将型芯单独加工后，再镶入模板中或用销钉定位、螺钉紧固于模板。特点是节省优质钢材、提高加工工艺性能。适用于塑件内表面形状复杂不便于机械加工，或形状不复杂的模具。图7-4（b）、（c）、（d）所示为常用组合方式。图7-4（b）用螺钉连接，销钉定位；图7-4（c）用螺钉连接，止口定位；图7-4（d）采用轴肩和底板连接。

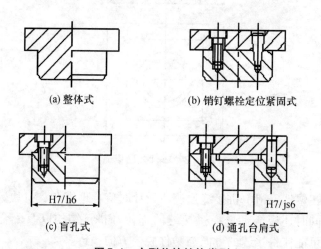

(a) 整体式　　　　　　　　　(b) 销钉螺栓定位紧固式

H7/h6

(c) 盲孔式　　　　　　　　　(d) 通孔台肩式　H7/js6

图7-4　主型芯的结构类型

2. 小型芯的结构设计

小型芯是用来成型塑件上的小孔或槽。小型芯单独制造后，再嵌入模板中或主型芯中。图7-5（a）采用过盈配合，从模板上压入；图7-5（b）采用间隙配合再从型芯尾部铆接，以防脱模时型芯被拔出；图7-5（c）对细长的型芯可将下部加粗或做得较短，由底部嵌入，然后用垫板固定或图7-5（d）、（e）用垫块或螺钉压紧，不仅增加了型芯的刚性，便于更换，且可调整型芯高度。

对异形型芯，可做成图7-6的结构，如图7-6（a）所示，将下面部分做成圆柱形，甚至只将成型部分做成异形，下面固定与配合部分均做成圆形，如图7-6（b）所示。

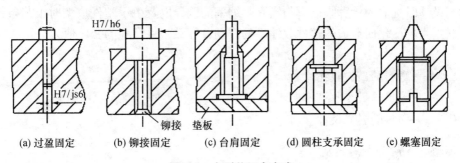

(a) 过盈固定　　(b) 铆接固定　　(c) 台肩固定　　(d) 圆柱支承固定　　(e) 螺塞固定

图 7-5　小型芯组合方式

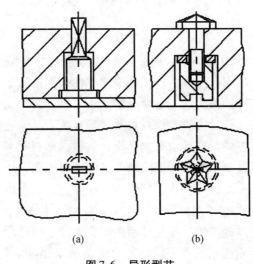

(a)　　　　　　　　　　(b)

图 7-6　异形型芯

7.3　成型零部件工作尺寸的计算

成型零部件工作尺寸是指直接用来构成塑件型面的尺寸，例如型腔和型芯的径向尺寸、深度和高度尺寸、孔间距离尺寸、孔或凸台至某成型表面的距离尺寸、螺纹成型零部件的径向尺寸和螺距尺寸等。在模具设计时，应根据塑件的尺寸、精度等级及影响塑件尺寸和精度的因素来确定模具成型零部件的工作尺寸和精度。

7.3.1　塑件尺寸精度的影响因素

1. 塑料的成型收缩

成型收缩随制品结构、工艺条件等影响而变化，如原料的预热与干燥程度、成型温度和压力波动、模具结构、塑件结构尺寸、不同的生产厂家、生产批号的变化都将造成收缩率的波动。

由于设计时选取的计算收缩率与实际收缩率的差异以及由于塑件成型时工艺条件的波动、材料批号的变化而造成的塑件收缩率的波动，导致塑件尺寸的变化值为

$$\delta_s = (S_{max} - S_{min}) L_s \qquad (7-1)$$

式中　　S_{max}——塑料的最大收缩率；

　　　　S_{min}——塑料的最小收缩率；

　　　　L_s——塑料的名义尺寸。

2. 成型零部件的制造精度

成型零部件的制造精度是影响塑件尺寸精度的重要因素之一。一般应将成型零部件的制造公差 δ_z 取塑件相应公差的 1/3 左右，通常取 IT7～IT8 级。

3. 成型零部件的磨损

充模塑料熔体在型腔中的流动以及脱模时塑件与型腔的摩擦会造成成型零部件的磨损，成型过程中可能产生的腐蚀气体的腐蚀造成零部件表面质量下降，模具表面需要重新抛光等，均会造成型腔尺寸的增大、型芯尺寸的减小。

这种磨损与塑件产量、塑料原料及模具材质等都有关系，含玻璃纤维和石英粉等填料的塑件、型腔表面耐磨性差的零部件取大值。设计时根据塑料材料、成型零部件材料、热处理及型腔表面状态和模具要求的使用期限来确定最大磨损量，中、小型塑件成型零部件的磨损量 δ_c 一般取塑件公差的 1/6，大型塑件则取小于塑件公差的 1/6。

结论：塑件尺寸变化值 δ_s 与塑件尺寸成正比。对大尺寸塑件，收缩率波动对塑件尺寸精度影响较大。此时，只靠提高成型零部件制造精度来减小塑件尺寸误差是困难和不经济的，应从工艺条件的稳定和选用收缩率波动值小的塑料来提高塑件精度。对小尺寸塑件，收缩率波动值的影响小，模具成型零部件的公差及其磨损量成为影响塑件精度的主要因素。

4. 模具安装配合的误差

模具零部件配合间隙引起的误差，会引起塑件的尺寸变化，例如活动型芯的配合间隙，引起塑件孔的位置误差或中心距误差；型腔与型芯分别安装于定模和动模，合模导向机构中导柱和导套的配合间隙，引起塑件的壁厚误差。

为保证塑件精度必须使上述各因素造成的误差的总和小于塑件的公差值，即

$$\delta_z + \delta_c + \delta_s + \delta_j \leqslant \Delta \qquad (7-2)$$

式中　　δ_z——成型零部件制造误差；

　　　　δ_c——成型零部件的磨损量；

　　　　δ_s——塑料的收缩率波动引起的塑件尺寸变化值；

　　　　δ_j——由于配合间隙引起塑件尺寸误差；

　　　　Δ——塑件公差。

7.3.2　成型零部件工作尺寸计算

成型零部件工作尺寸计算方法有平均值法和公差带法。

成型零部件工作尺寸计算前，中心距尺寸（或在模具使用中不因模具磨损而使塑件尺寸发生改变的尺寸，按"对称"原则标注，其他塑件尺寸的尺寸偏差统一按"入体"原则标注。具体要求如下。

（1）塑件内表面尺寸采用单向正偏差标注，基本尺寸为最小。如图 7-7（a）所示，设 Δ 为塑件公差，则塑件内形尺寸公差标注为 $l_{s0}^{+\Delta}$。

（2）塑件外表面尺寸采用单向负偏差标注，基本尺寸为最大，塑件外形尺寸及公差标注为 $L_{s-\Delta}^{0}$。

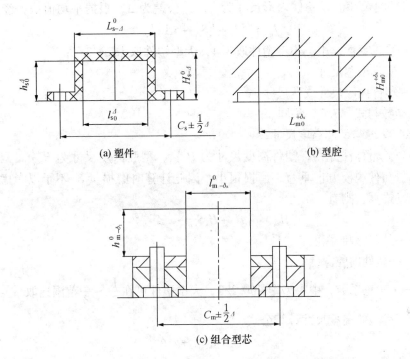

（a）塑件　　　　　　　　　　（b）型腔

（c）组合型芯

图 7-7　塑件与模具尺寸与公差标注

（3）对中心距尺寸采用双向对称偏差标注，塑件间中心距为 $C_s \pm \dfrac{1}{2}\Delta$。

注意：当塑件图样原有公差的标注不符合上述要求时，应按上述规定换算。

1. 平均值法

当塑料收缩率、成型零部件制造公差和磨损量均为平均值时，按制品获得的平均尺寸来计算。

（1）型腔与型芯径向尺寸

① 型腔径向尺寸。设塑料平均收缩率为 S_{cp}，塑件外形基本尺寸为 L_s，其公差值为 Δ，则塑件平均尺寸为 $L_s - \dfrac{\Delta}{2}$；型腔基本尺寸为 L_m，其制造公差为 δ_z，则型腔平均尺寸为 $L_m + \dfrac{\delta_z}{2}$。考虑平均收缩率及型腔磨损为最大值的一半（$\dfrac{\delta_c}{2}$），磨损量 δ_c 一般取小于 $\dfrac{\Delta}{6}$，经过推算得

$$L_m = \left[L_s + L_s S_{cp} - x\Delta \right]_0^{+\delta_z} \tag{7-3}$$

式中　L_m——模具型腔尺寸；

　　　　L_s——塑料外形尺寸；

　　　　S_{cp}——塑料材质平均收缩率；

　　　　Δ——塑件公差；

　　　　δ_z——型腔制造公差，成型零部件制造公差 δ_z 一般取 $\left(\dfrac{1}{3}\sim\dfrac{1}{6}\right)\Delta$；

　　　　x——修正系数，中小型塑件取 3/4，大型塑件取 1/2～3/4。

② 型芯径向尺寸。设塑件内形尺寸为 l_s，其公差为 Δ，根据平均值法，经过推算得

$$l_m = \left[\, l_s + l_s S_{cp} + x\Delta \,\right]_{-\delta_z}^{0} \tag{7-4}$$

式中　x——修正系数，中、小型塑件取 3/4，大型塑件取 1/2～3/4；

　　　　l_m——模具型芯尺寸；

　　　　l_s——塑件内腔尺寸或孔尺寸。

其他参数与式（7-3）相同。

（2）型腔深度与型芯高度尺寸

按上述公差带标注原则，塑件高度尺寸为 $H_{s-\Delta}^{0}$，型腔深度尺寸为 $H_{m_0}^{+\delta_z}$。型腔底面和型芯端面均与塑件脱模方向垂直，磨损很小，因此计算时磨损量 δ_c 不予以考虑，根据平均值法，通过推算，则有

$$H_m = \left[\, H_s + H_s S_{cp} - x'\Delta \,\right]_{0}^{+\delta_z} \tag{7-5}$$

式中　H_m——模具型腔深度；

　　　　H_s——塑件内腔深度；

　　　　x'——修正系数，中小型塑件取 2/3，大型塑件可在 $\dfrac{1}{2}\sim\dfrac{2}{3}$ 范围选取。

同理，可得型芯高度尺寸计算公式

$$h_m = \left[\, h_s + h_s S_{cp} + x'\Delta \,\right]_{-\delta_z}^{0} \tag{7-6}$$

式中　h_m——模具型芯高度；

　　　　x'——修正系数，中、小型塑件取 2/3，大型塑件可在 $\dfrac{1}{2}\sim\dfrac{2}{3}$ 范围选取。

其他参数同上。

（3）中心距尺寸

中心距尺寸公差标注为双向对称标注。塑件上中心距 $C_s \pm \dfrac{1}{2}\Delta$，模具成型零部件的中心距为 $C_m \pm \dfrac{1}{2}\delta_z$ 如图 7-6（c）所示，其平均值即为其基本尺寸。

型芯与成型孔的磨损可认为是沿圆周均匀磨损，不影响中心距，所以影响塑件中心距误差的因素只有制造误差 δ_z 和活动型芯与其配合孔的配合间隙 δ_j 两项，与模具磨损无关。计算时仅考虑考虑塑料收缩，通过推算得到：

$$C_m = \left[\, C_s + C_s S_{cp} \,\right] \pm \dfrac{1}{2}\delta_z \tag{7-7}$$

式中　C_m——模具中心距尺寸；

　　　　C_s——塑件中心距尺寸。

其他参数同上。

模具中心距制造公差 δ_z，根据塑件孔中心距尺寸精度、加工方法等确定，坐标镗床加工，一般小于 ±0.015~0.02 mm，或按塑件公差的 1/4 选取。

注意：对带有嵌件或孔的塑件，在成型时由于嵌件和型芯等影响了自由收缩，故其收缩率较实体塑件为小。计算带有嵌件的塑件收缩值时，上述各式中收缩值项的塑件尺寸应扣除嵌件部分尺寸。S_{cp} 根据实测数据或选用类似塑件的实测数据。如果把握不住，在模具设计和制造时，应留有一定的修模余量。

平均值法比较简便，误差较大，用于一般精度的塑件模具成型零部件尺寸计算。精度较高的塑件模具成型零部件尺寸计算可采用公差带法。

2. 公差带法

塑料模具制造时，型腔径向尺寸修大容易，而修小困难，应按满足塑件最小尺寸来计算工作尺寸；而型芯径向尺寸修小容易，修大困难，应按满足塑件最大尺寸来计算工作尺寸；对型腔深度和型芯高度计算也先要分析是修浅（小）容易还是修深（大）容易，依此来确定先满足塑件最大尺寸还是最小尺寸。

公差带法就是基于上述规律的基础上，是先在最大塑料收缩率时满足塑件最小尺寸要求，计算出成型零部件的工作尺寸，然后校核塑件可能出现的最大尺寸是否在其规定的公差带范围内。按最小塑料收缩率时满足塑件最大尺寸要求，计算成型零部件工作尺寸，然后校核塑件可能出现的最小尺寸是否在其公差带范围内。

选用公差带法有利于试模和修模，有利于延长模具使用寿命。

（1）型腔与型芯径向尺寸

① 型腔径向尺寸。塑件径向尺寸为 $L_s^{\ 0}_{-\Delta}$，型腔径向尺寸为 $L_{m_0}^{+\delta_z}$，为了便于修模，先按型腔径向尺寸为最小，塑料收缩率为最大时，恰好满足塑件的最小尺寸，来计算型腔的径向尺寸，则有

$$L_m = \left[L_s + L_s S_{max} - \Delta \right]_0^{+\delta_z} \tag{7-8}$$

接着校核塑件可能出现的最大尺寸是否在规定的公差范围内。塑件最大尺寸出现在尺寸为最大 $L_m + \delta_z$，且塑件收缩率为最小时，并考虑型腔的磨损量最大值，经过推算则有

$$\left(S_{max} - S_{min} \right) L_s + \delta_z + \delta_c \leqslant \Delta \tag{7-9}$$

式中　S_{max}——塑料最大收缩率；

　　　S_{min}——塑料最小收缩率；

　　　L_s——塑件径向尺寸；

　　　δ_z——模具制造精度，一般取 $\left(\dfrac{1}{3} \sim \dfrac{1}{6} \right)\Delta$；

　　　δ_c—— 模具许用磨损量 δ_c，一般取小于 $\Delta/6$。

若校核合格，则按式（7-8）计算结果应用；若校核不合格，则应提高模具制造精度以减小 δ_z，或降低许用磨损量 δ_c，必要时改用收缩率波动较小的塑料材料。

② 型芯径向尺寸。塑件尺寸为 $l_{s0}^{+\Delta}$，型芯径向尺寸为 $l_m^0{}_{-\delta_z}$，与型腔径向尺寸的计算相反，修模时型芯径向尺寸修小方便，且磨损也使型芯变小，计算型芯径向尺寸时应按塑件最大尺寸，最小收缩率，则有

$$l_m = \left[l_s + l_s S_{min} + \Delta \right]_{-\delta_z}^0 \tag{7-10}$$

校核当型芯按式（7-10）计算的最小尺寸制造且磨损到许用磨损余量，而塑件按最大

收缩率收缩时，生产出的塑件是否大于塑件最小尺寸，通过推算则有

$$l_m - \delta_z - \delta_c - S_{max} l_s \geq L_s \tag{7-11}$$

式中　l_m——式（7-10）计算结果的基本尺寸。

此外，也可按下面公式验算

$$(S_{max} - S_{min})l_s + \delta_z + \delta_c \leq \Delta \tag{7-12}$$

为了便于塑件脱模，塑件设计时应有脱模斜度，脱模斜度的大小一般在保证塑件精度和使用要求的情况下宜尽量取大值，对于有配合要求的尺寸，当配合精度要求不高时，应保证在配合面的 2/3 高度范围内径向尺寸满足塑件配合公差的要求。当塑件精度要求很高，其结构不允许有较大的脱模斜度时，则应使成型零部件在配合段内的径向尺寸均满足塑件配合公差的要求。为此，可利用公差带法计算型腔与型芯大小端尺寸。

型腔小端径向尺寸按式（7-8）计算，大端径向尺寸可按下式求得

$$L_m = \left[(1 + S_{min})L_s - (\delta_z + \delta_c) \right]_0^{+\delta_z} \tag{7-13}$$

型芯大端径向尺寸按式（7-10）计算，其小端径向尺寸可按下式计算：

$$l_m = \left[(1 + S_{min})l_s + \delta_z + \delta_c \right]_{-\delta_z}^0 \tag{7-14}$$

（2）型腔深度与型芯高度

公差带法计算型腔深度与型芯高度时，是基于塑件最大尺寸进行计算，还是基于塑件最小尺寸进行计算，主要从方便修模的角度来考虑，即修模时，是使型腔深度或型芯高度增大方便还是缩小方便，这与成型零部件的结构有关。

① 型腔深度。如图 7-8 所示，型腔底面有凸凹，或刻有花纹、文字等，即使没有这些，一般型腔底部都有圆角，修磨底部不方便，若将修磨余量放在分型面处，则修模较方便。设计计算型腔深度尺寸时，先应基于获得塑件高度最大尺寸进行计算，再校核型腔深度最小尺寸制得的工件是否在公差范围内。

当基于塑件最大尺寸计算、塑件收缩率最小值时，型腔深度最大，塑件出现最大高度尺寸 H_s，按此推算型腔尺寸，则有

$$H_m = \left[(1 + S_{min})H_s - \delta_z \right]_0^{+\delta_z} \tag{7-15}$$

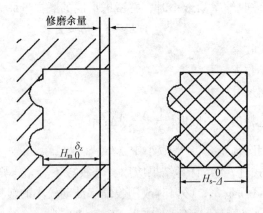

图 7-8　型腔深度与塑件高度的尺寸关系

校核型腔深度为最小，而收缩率为最大时，所得到的塑件高度是否大于塑件要求的最小高度（$H_s - \Delta$），则得验算公式：

$$H_m - S_{max} H_m + \Delta \geq H_s \tag{7-16}$$

② 型芯高度。按型芯高度来分，可以分成组合式和整体式。对于整体式型芯（如图 7-9（a）所示），修磨型芯根部较困难，以修磨型芯端部为宜；而常见的组合式型芯（如图 7-9（b）所示），修磨型芯固定板较为方便。

● 修磨型芯端部将使型芯高度减小，设计宜按满足塑件孔最大深度初算，通过推算并标注制造偏差，得

$$h_m = \left[(1 + S_{min}) h_s + \Delta \right]_{-\delta_z}^0 \tag{7-17}$$

验算塑件可能出现的最小尺寸是否在公差范围内，得验算公式

$$h_m - \delta_z - h_s S_{max} \geqslant h_s \tag{7-18}$$

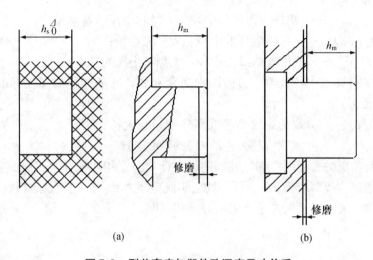

图 7-9　型芯高度与塑件孔深度尺寸关系

● 修磨型芯固定板将使型芯高度增大，初算时应按满足塑件孔深度最小深度计算，得初算公式

$$h_m = \left[(1 + S_{max}) h_s + \delta_z \right]_{-\delta_z}^0 \tag{7-19}$$

验算塑件可能出现的最大尺寸是否在公差范围内，得验算公式

$$h_m - S_{min} h_s - \Delta \leqslant h_s \tag{7-20}$$

和前述一样，型芯高度也可采用下式校核

$$(S_{max} - S_{min}) h_s + \delta_z \leqslant \Delta \tag{7-21}$$

③ 中心距尺寸。公差法中心距尺寸公式与平均法公式（7-7）相同。

7.3.3　螺纹型芯与螺纹型环

由于塑件螺纹成型时收缩的不均匀性，影响塑件的因素很复杂，目前尚无成熟的计算方法，一般多采用平均值法。

1. 螺纹型芯与型环径向尺寸

径向尺寸计算方法与普通型芯和型腔径向尺寸的计算方法基本相似，但螺距和牙尖角的误差较大，从而影响其旋入性能，因此在计算径向尺寸时，采用增加螺纹中径配合间隙的办法来补偿，即增加塑件螺纹孔的中径和减小塑件外螺纹的中径的办法来改善旋入性能。

对于螺纹型芯，有

中径　　　　　　　$d_{m中} = \left[(1 + S_{cp})D_{s中} + \Delta_中 \right]_{-\delta_中}^{0}$　　　　　(7-22)

大径　　　　　　　$d_{m大} = \left[(1 + S_{cp})D_{s大} + \Delta_中 \right]_{-\delta_大}^{0}$　　　　　(7-23)

小径　　　　　　　$d_{m小} = \left[(1 + S_{cp})D_{m小} + \Delta_中 \right]_{-\delta_小}^{0}$　　　　　(7-24)

对于螺纹型环，有

中径　　　　　　　$D_{m中} = \left[(1 + S_{cp})d_{s中} - \Delta_中 \right]_{0}^{+\delta_中}$　　　　　(7-25)

大径　　　　　　　$D_{m大} = \left[(1 + S_{cp})d_{s大} - \Delta_中 \right]_{0}^{+\delta_大}$　　　　　(7-26)

小径　　　　　　　$D_{m小} = \left[(1 + S_{cp})d_{s小} - \Delta_中 \right]_{0}^{+\delta_小}$　　　　　(7-27)

式中　　$d_{m中}$、$d_{m大}$、$d_{m小}$——螺纹型芯的中径、大径和小径；

　　　　$D_{s中}$、$D_{s大}$、$D_{s小}$——塑件内螺纹的中径、大径和小径的基本尺寸；

　　　　$D_{m中}$、$D_{m大}$、$D_{m小}$——螺纹型环的中径、大径和小径；

　　　　$d_{s中}$、$d_{s大}$、$d_{s小}$——塑件外螺纹的中径、大径和小径的基本尺寸；

　　　　$\Delta_中$——塑件螺纹中径公差，目前国内尚无标准，可参考金属螺纹标准选用精度较
　　　　　　低者；

　　　　$\delta_中$、$\delta_大$、$\delta_小$——分别为螺纹型芯或型环中径、大径和小径的制造公差，一般按塑
　　　　　　件螺纹中径公差的 1/5～1/4 选取。

上列各式与相应的普通型芯和型腔径向尺寸计算公式相比较，可见公式第三项系数 x 值增大了，普通型芯或型腔为 3/4，而螺纹型芯或型环为1，不仅扩大了螺纹中径的配合间隙，而且使螺纹牙尖变短，增加了牙尖的厚度和强度。

2. 螺距

螺纹型芯与型环的螺距尺寸计算公式与前述中心距尺寸计算公式相同，即

$$P_m = \left[(1 + S_{cp})P_s \right] \pm \frac{\delta_z}{2} \qquad (7-28)$$

式中　　P_m——螺纹型芯或型环的螺距；

　　　　P_s——塑件螺纹螺距基本尺寸；

　　　　δ_z——螺纹型芯与型环螺距制造公差，其值可参照表 7-1 选取。

表 7-1　螺纹型芯与型环螺距制造公差　　　　　　　　　　　　单位：mm

螺纹直径	配合长度	制造公差（δ_z）
3～10	～12	0.01～0.03
12～22	＞12～20	0.02～0.04
24～66	＞20	0.03～0.05

式（7-28）计算出的螺距常有不规则的小数，使机械加工较为困难。因此，相连接的塑件内外螺纹的收缩率相同或相近似时，两者均可不考虑收缩率；塑件螺纹与金属螺纹相连接，但配合长度小于极限长度或不超过 7～8 牙的情况，可仅在径向尺寸计算时，按式（7-22）～式（7-28）加放径向配合间隙补偿即可，螺距计算可以不考虑收缩率。

7.4　成型型腔壁厚的计算

注射成型时，为了承受型腔高压熔体的作用，型腔侧壁与底板应该具有足够强度与刚性。小尺寸型腔常因强度不够而破坏；大尺寸型腔的刚度不足常为设计失效的主要原因。

7.4.1　成型型腔壁厚刚度满足条件

1. 型腔不发生溢料

模具型腔壁在高压塑料熔体作用下，产生弹、塑性变形，如果变形过大，将导致某些接面出现溢料间隙，产生溢料和飞边。因此，必须根据不同塑料的溢料间隙来决定刚度条件。表 7-2 为部分塑料许用的不溢料间隙值。

表 7-2　不发生溢料的间隙值　　　　　　　　　　单位：mm

黏度特性	塑料品种举例	溢边值
低黏度塑料	尼龙（PA）、聚乙烯（PE）、聚丙烯（PP）、聚甲醛（POM）	≤0.025～0.04
中黏度塑料	聚苯乙烯（PS）、ABS、聚甲基丙烯甲酯（PMMA）	≤0.05
高黏度塑料	聚碳酸酯（PC）、聚砜（PSF）、聚苯醚（PPO）	≤0.06～0.08

2. 保证塑料精度

当塑件的某些工作尺寸要求精度较高时，成型零部件的弹性变形将影响塑件精度，因此当保证型腔压力最大时，该型腔壁的最大弹性变形量小于塑件公差的 1/5。

3. 保证塑件顺利脱模

如果模具型腔壁受力膨胀变形量大于塑件的成型收缩值，脱模时，型腔侧壁的弹性恢复将使其紧包住塑件，使塑件脱模困难或在脱模过程中被划伤，因此型腔壁的最大弹性变形量应小于塑件的成型收缩值。

一般来说，对于大尺寸型腔，刚度不足是主要矛盾，按刚度条件计算型腔壁厚；对于小尺寸型腔，发生较大的弹性变形前，其内应力常已超过许用应力，按强度计算型腔壁厚。在分界尺寸不明的情况下，应分别按强度条件和刚度条件计算壁厚后，取其中较大值。

7.4.2　型腔侧壁厚度和底部厚度

型腔侧壁厚度和底部厚度的确定可以通过计算法和查表法获得，这里只提供便捷的经验数据查表法。矩形型腔的壁厚经验数据如表 7-3 所示，圆形型腔的壁厚经验数据如表 7-4 所示，型腔底壁厚度的经验数据如表 7-5 所示，其示意图如图 7-10 所示。

表 7-3　矩形型腔的壁厚经验数据　　　　　　　　　　单位：mm

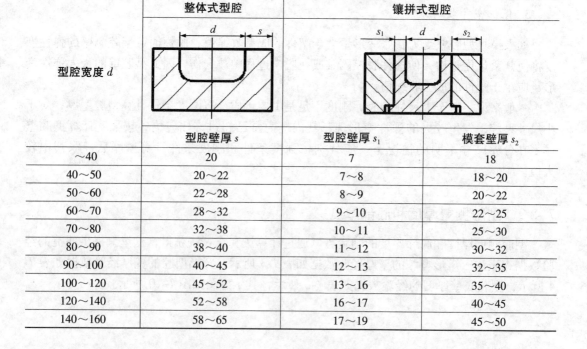

型腔宽度 a	整体式型腔	整体嵌入式型腔	
	型腔壁厚 s	型腔壁厚 s_1	模套壁厚 s_2
～40	25	9	22
40～50	25～30	9～10	22～25
50～60	30～35	10～11	25～28
60～70	35～42	11～12	28～35
70～80	42～48	12～13	35～40
80～90	48～55	13～14	40～45
90～100	55～60	14～15	45～50
100～120	60～72	15～17	50～60
120～140	72～85	17～19	60～70
140～160	85～95	19～21	70～78

表 7-4　圆形型腔的壁厚经验数据　　　　　　　　　　单位：mm

型腔宽度 d	整体式型腔	镶拼式型腔	
	型腔壁厚 s	型腔壁厚 s_1	模套壁厚 s_2
～40	20	7	18
40～50	20～22	7～8	18～20
50～60	22～28	8～9	20～22
60～70	28～32	9～10	22～25
70～80	32～38	10～11	25～30
80～90	38～40	11～12	30～32
90～100	40～45	12～13	32～35
100～120	45～52	13～16	35～40
120～140	52～58	16～17	40～45
140～160	58～65	17～19	45～50

表 7-5　型腔底壁厚度的经验数据　　　　　　　　　　　　　　单位：mm

B	$b \approx L$	$b \approx 1.5L$	$b \approx 2L$
$\leqslant 102$	$t_b = (0.12 \sim 0.13)\, b$	$t_b = (0.1 \sim 0.11)\, b$	$t_b = 0.08b$
$>102 \sim 300$	$t_b = (0.13 \sim 0.15)\, b$	$t_b = (0.11 \sim 0.12)\, b$	$t_b = (0.08 \sim 0.09)\, b$
$>300 \sim 500$	$t_b = (0.15 \sim 0.17)\, b$	$t_b = (0.12 \sim 0.13)\, b$	$t_b = (0.09 \sim 0.10)\, b$

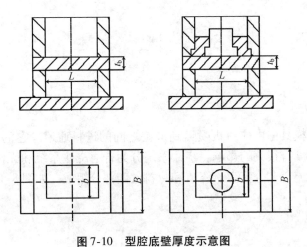

图 7-10　型腔底壁厚度示意图

7.5　习　　题

1. 填空题

（1）型腔按结构不同可分为＿＿＿＿＿＿、＿＿＿＿＿＿、＿＿＿＿＿＿。

（2）按组合方式不同，组合式型腔结构可分为＿＿＿＿、＿＿＿＿和＿＿＿＿等。

（3）整体嵌入式结构分为＿＿＿＿＿＿和＿＿＿＿＿＿。

（4）成型零部件工作尺寸计算方法有＿＿＿＿＿＿和＿＿＿＿＿＿＿。

（5）选用公差带法有利于＿＿＿＿＿和＿＿＿＿＿＿，有利于延长模具使用寿命。

2. 简答题

塑件尺寸精度的影响因素有哪些?

第8章 浇注系统设计

8.1 概　述

1. 浇注系统的组成

浇注系统是指模具中由注射机喷嘴到型腔之间的进料通道。它的设计对塑件的性能、外观、成型难易程度有很大的影响。浇注系统分为普通浇注系统和无流道浇注系统。普通浇注系统一般由主流道、分流道、浇口和冷料穴四部分组成，如图8-1所示。

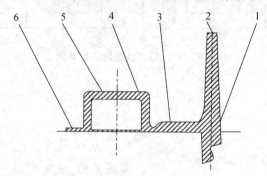

图8-1　注射模的浇注系统
1—冷料穴　2—主流道　3—分流道　4—浇口　5—塑件　6—排气槽或溢流槽

2. 浇注系统的设计原则

设计浇注系统应遵循如下基本原则。

（1）了解塑料的成型工艺特性。掌握塑料的流动性，温度、剪切速率对精度的影响。

（2）尽量避免或减少产生熔接痕，尽量减少分流的次数。

（3）有利于型腔中气体的排出。浇注系统应顺利地引导塑料熔体充满型腔的各个部位，使浇注系统及型腔中的气体能有序地排出，避免塑件缺陷。

（4）防止型芯的变形和嵌件的位移。浇注系统的设计应尽量避免熔体直接冲击细小型芯和嵌件，防止嵌件位移和型芯受力变形。

（5）尽量采用较短的流程充满型腔。

（6）流动距离比的校核。设计浇口位置时，为保证熔体完全充型，实用流动比应小于许用流动比。

3. 流动比的校核

流动比也称为流程比，是熔体流程长度与塑件厚度之比。设计浇口位置时，为保证熔体完全充满型腔，流动比不能太大，应小于许用流动比。而许用流动比是随着塑料性质、成型温度、压力、浇口种类等因素变化的。表 8-1 为常用塑料流动比许用值，设计时供参考，如果实际流动比大于许用流动比，需要改变浇口位置或者增加制品的壁厚，或者采用多浇口进料。

表 8-1 部分常用塑料的流动比 L/t 与注射压力的关系

树脂材料名	注射压力 /MPa	$\sum_{i=1}^{i=n} \dfrac{L_i}{t_i}$	树脂材料名	注射压力 /MPa	$\sum_{i=1}^{i=n} \dfrac{L_i}{t_i}$
聚乙烯	150	280～250	硬质聚氯乙烯	130	170～130
	60	140～100		90	140～100
聚丙烯	120	280		70	110～70
	70	240～200	软质聚氯乙烯	90	280～100
聚苯乙烯	90	300～280		70	240～160
聚酰胺（尼龙）	90	360～300	聚碳酸酯	130	180～120
聚甲醛	100	210～110		90	130～90
苯乙烯	90	300～260			

8.2 主流道设计

主流道是指浇注系统中从注射机喷嘴与模具接触处开始到分流道为止的塑料熔体的流动通道。

在模具工作时，由于主流道部分的小端入口及注射机喷嘴与具有一定温度、压力的塑料熔体会冷热交替地反复接触，比较容易受损，只有在小批量生产时，主流道才在注射模上直接加工，大部分注射模设计时，主流道通常设计成可拆卸、可更换的浇口套结构形式（如图 8-2 所示），以延长模具的使用寿命。

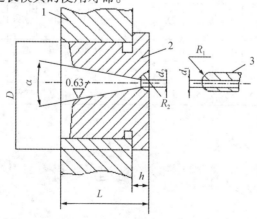

图 8-2 浇口套的尺寸要求

1—定模板 2—浇口套 3—喷嘴

浇口套（或主流道）尺寸要求如下。

（1）主流道通常设计成圆锥形，其锥角 $\alpha = 2° \sim 6°$，内壁表面粗糙度一般为 $R_a = 0.63\mu m$。

（2）为防止主流道与喷嘴处溢料，主流道对接处应制成半球形凹坑，其半径 $R_2 = R_1 + (1\sim2)$ mm，其小端直径 $d_2 = d_1 + (0.5\sim1)$ mm，凹坑深度取 $h = 3\sim5$ mm（如图8-2所示）。

（3）为减小料流转向过渡时的阻力，主流道大端呈圆角过渡，其圆角半径 $r = 1\sim3$ mm。

（4）在保证塑料良好成型的前提下，主流道 L 应尽量短，否则将增多流道凝料，且增加压力损失，使塑料降温过多而影响注射成型。通常主流道长度由模板厚度确定，一般取 $L \leqslant 60$ mm。

主流道浇口套一般采用碳素工具钢如 T8A、T10A 等材料制造，热处理淬火硬度为 53～57HRC。浇口套类型及其固定形式如图8-3所示。

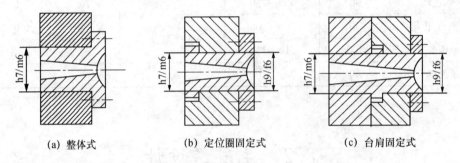

(a) 整体式　　　　　　(b) 定位圈固定式　　　　　　(c) 台肩固定式

图8-3　浇口套类型及其固定形式

主流道设计成浇口套的结构形式，其浇口截面直径选取可借鉴如表8-2所示。国家标准制定了标准浇口套尺寸，但选取浇口衬套应该根据注射机的有关参数。

注意选取定位圈时，定位圈尺寸 D 应与注射机定模型板孔的基本尺寸一致，选取浇口套时也要考虑定位圈与浇口套的尺寸关系，如尺寸 D_1。

表8-2　常用塑料的浇口套截面直径的推荐值　　　　　　　　　　单位：mm

注射机注射量	10 g		30 g		60 g		125 g		250 g		500 g		1 000 g	
主流道进口端与出口端直径	D_1	D_2	D_1	D_2	D_1	D_2	D_1	D_2	D_1	D_2	D_1	D_2	D_1	D_2
聚乙烯、聚苯乙烯	3	4.5	3.5	5	4.5	6	4.5	6	4.5	6.5	5.5	7.5	5.5	8.6
ABS、AS	3	4.5	3.5	5	4.5	6	4.5	6.5	4.5	7	5.5	8	5.5	8.5
聚砜、聚碳酸酯	3.5	5	4	5.5	5	6.5	5	7	5	7.5	6	8.5	6	9

8.3　分流道设计

分流道是指主流道末端与浇口之间的一段塑料熔体的流动通道。分流道作用是改变熔体流向，使其以平稳的流态均衡地分配到各个型腔。设计时应注意尽量减少流动过程中的热量损失与压力损失。

1. 分流道的形状

分流道开设在动、定模分型面的两侧或任意一侧，其截面形状应尽量使其比表面积（流道表面积与其体积之比）小。常用的分流道截面形式有圆形、梯形、U 形、半圆形及矩形等。圆形流道表面积最小，但加工较复杂些；而梯形及 U 形截面分流道加工较容易，且热量损失与压力损失均不大，是常用的形式。

2. 分流道的尺寸确定方法

（1）各种塑料的流动性有差异，可根据塑料的品种粗略地估计分流道的直径。对于流动性很好的塑料（如聚乙烯和尼龙），当分流道很短时，分流道直径可小到 2 mm 左右；对于流动性差的塑料（如丙烯酸类），分流道直径接近 10 mm。多数塑料的分流道直径在 4.8～8 mm 范围内变动。常用塑料推荐的分流道直径如表 8-3 所示。

表 8-3　常用塑料推荐的分流道直径　　　　　　　　　　单位：mm

塑料种类	D	塑料种类	D
PE、PA	1.6～9.5	PPO	6.4～9.5
PS、POM	3.2～9.5	ABS、SAN	7.6～9.5
PP、PC	4.8～9.5	PMMA	8.0～12.7
HPVC	9.5～12.7		

（2）对壁厚小于 3 mm，质量 200 g 以下的塑料制品，还可用如下经验公式确定分流道直径（该式计算的分流道直径仅限于在 3.2～9.5 mm 以内）：

$$D = \frac{\sqrt{W} \sqrt[4]{L}}{3.7} \tag{8-1}$$

式中　D ——分流道直径（mm）；

　　　W ——流经该分流道的熔体质量（g）；

　　　L ——分流道的长度（mm）。

（3）分流道的长度要尽可能短，且弯折少，以便减少压力损失和热量损失，节约塑料的原材料和能耗。

（4）分流道的表面粗糙度。分流道表面不要求太光滑，表面粗糙度通常取 $R_a = 1.25$～$2.5 \ \mu m$，这可增加对外层塑料熔体流动阻力，使外层塑料冷却皮层固定，形成绝热层，有利于保温。

（5）分流道与浇口常采用斜面和圆弧连接。

3. 分流道的布置

分流道常用的布置形式有平衡式和非平衡式两种，这与多型腔的平衡式与非平衡式的布置是一致的。

（1）平衡式。平衡式分流道是指从主流道到各型腔的分流道和浇口的长度、形状、断面尺寸都相等。这样各个型腔均衡地进料，均衡地补料，各型腔压力、温度统一，塑件质量一致，以便于质量控制，如图 8-4～8-7 所示。

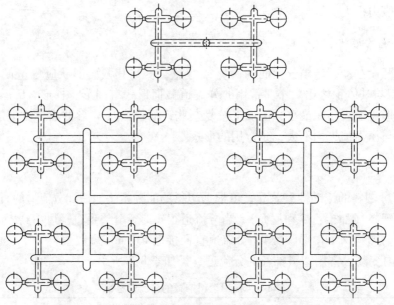

图 8-4　平衡式分流道布置（H 型）

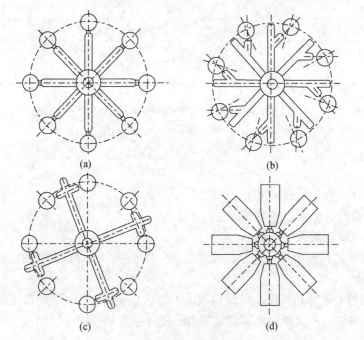

(a)

(b)

(c)

(d)

图 8-5　辐射式平衡分流道

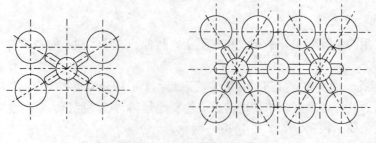

图 8-6　X 形平衡式分流道

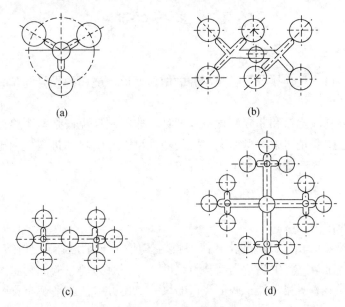

图 8-7　Y 形分流道

（2）非平衡式。非平衡式分流道一般适用于型腔数较多的情况，其流道的总长度可比平衡式布置短一些，因而可减少浇注系统凝料，适合用于性能和精度要求不高的塑件，如图 8-8 所示。为达到各型腔同时充满，可以通过把浇口和分流道开成不同尺寸的方式来调节，使从主流道到各个型腔的压力降相等，来达到进料平衡，由于流道断面尺寸不便于修整，在设计时应先计算，再在试模时配合修浇口以达到较好的效果。

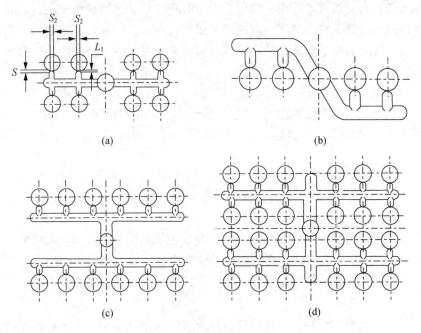

图 8-8　非平衡式分流道

8.4　浇口设计

浇口也称进料口，是连接分流道与型腔的熔体通道。浇口的设计与位置的选择恰当与否，直接关系到塑件质量。

浇口可分成限制性浇口和非限制性浇口两种。非限制性浇口是整个浇注系统中截面尺寸最大的部位，它主要是对中大型筒类、壳类塑件型腔起引料和进料后的施压作用。限制性浇口是整个浇注系统中截面尺寸最小的部位。

1. 浇口的作用

限制性浇口的作用如下。

（1）浇口通过截面积的突然变化，使塑料熔体压力升高，提高塑料熔体的剪切速率，降低黏度，通过高速摩擦产生热量提高塑料温度，使其成为理想的流动状态，从而迅速均衡地充满型腔。对于多型腔模具，调节浇口的尺寸，还可以使非平衡布置的型腔达到同时进料的目的。

（2）浇口通常是浇注系统最小截面部分，这有利于塑件与浇口凝料的分离。

（3）浇口截面小，最早固化，防止型腔中熔体倒流。

2. 浇口设计的原则

（1）浇口尺寸及位置选择应避免熔体破裂而产生喷射和蠕动（蛇形流）。喷射和蠕动产生的缺陷：浇口的截面尺寸如果较小，且正对宽度和厚度较大的型腔，则高速熔体流经浇口时，由于受较高的切应力作用，将会产生喷射和蠕动等熔体破裂现象，在塑件上形成波纹状痕迹，或在高速下喷出高度定向的细丝或断裂物，它们很快冷却变硬，与后来的塑料不能很好地熔合，从而造成塑件的缺陷或表面疵瘢。喷射还使型腔内的空气难以顺序排出，形成焦痕和空气泡。

克服喷射和蠕动的办法是：加大浇口截面尺寸，改换浇口位置并采用冲击型浇口，即浇口开设方位正对型腔壁或粗大的型芯。这样，当高速料流进入型腔时，直接冲击在型腔壁或型芯上，从而降低了流速，改变了流向，可均匀地填充型腔，使熔体破裂现象消失。

在图 8-9 中 A 为浇口位置，图 8-9（a）、（c）所示为非冲击型浇口，图 8-9（b）、（d）、（e）、（f）所示为冲击型浇口，后者对提高塑件质量、克服表面缺陷较好，但塑料流动能量损失较大。

（2）浇口位置应开在塑件壁厚处。当塑件壁厚相差较大时，在避免喷射的前提下，为减小流动阻力，保证压力有效地传递到塑件厚壁部位以减少缩孔，应把浇口开设在塑件截面最厚处，这样利于填充补料。如塑件上有加强筋，则可利用加强筋作为流动通道以改善流动条件。

（3）浇口位置应有利于排气。通常浇口位置应远离排气部位，否则进入型腔的塑料熔体会过早封闭排气系统，致使型腔内气体不能顺利排出，影响塑件成型质量。

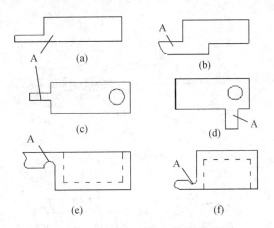

图 8-9　非冲击型与冲击型浇口

在图 8-10（a）中所示浇口的位置，充模时，熔体立即封闭模具分型面处的排气空隙，使型腔内气体无法排出，而在塑件顶部形成气泡，改用图 8-10（b）所示位置，则克服了上述缺陷。

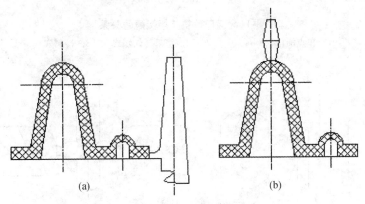

图 8-10　浇口位置对填充影响

（4）浇口位置应使流程最短，料流变向最少，并防止型芯变形（避免浇口单向直对细小浇口）。

（5）浇口位置及数量应有利于减少熔接痕和增加熔接强度。熔接痕是指熔体在型腔中汇合时产生的接缝痕迹。

① 接缝强度直接影响塑件的使用性能，在流程不太长且无特殊需要时，最好不设多个浇口，否则将增加熔接痕的数量，如图 8-11（a）所示（A 处为熔接痕）。

② 对底面积大而浅的壳体塑件，为兼顾减小内应力和翘曲变形可采用多点进料，如图 8-11（b）所示。

③ 对轮辐式浇口可在熔接处外侧开冷料穴，使前锋料溢出，增加熔接强度，且消除熔接痕，如图 8-11（a）所示。

④ 对于熔接痕的位置应注意，图 8-12（a）所示为带圆孔的平板塑件，其左侧较合理，熔接痕短（图中 A 处），且在边上，右侧的熔接痕与小孔连成一线使塑件强度大大削弱。

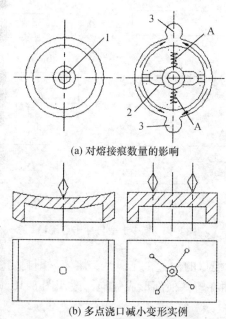

(a) 对熔接痕数量的影响

(b) 多点浇口减小变形实例

图 8-11　浇口数量与熔接痕的关系

1—单点浇口（圆环式）　　2—双点浇口（轮辐式）　　3—冷料穴

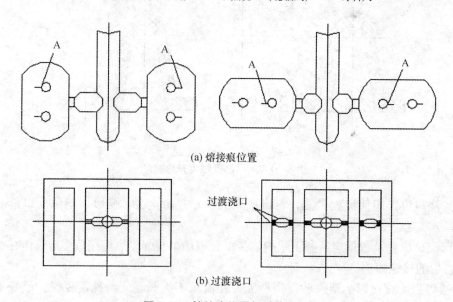

(a) 熔接痕位置

(b) 过渡浇口

图 8-12　熔接痕位置与过渡浇口

⑤ 图 8-12（b）所示的大型框架塑件，其左侧由于流程过长，使熔接处的料温过低而熔接不牢，且形成明显熔接痕，而右侧增加了过渡浇口，虽然熔接痕数量有所增加，但缩短了流程，增加了熔接强度，且易于充满型腔。

（6）浇口位置应考虑定位作用对塑件性能的影响

① 图 8-13（a）所示是带有金属嵌件的聚苯乙烯塑件，由于塑件收缩使嵌件周围塑料层有很大周向应力，当浇口开在 A 处时，其定向方位与周向应力方向垂直，塑件几个月后即开裂；浇口开在 B 处，定向作用顺着周向应力方向，使应力开裂现象大为减少。

② 在某些情况下，可利用分子高度定向作用改善塑件的某些性能。如为使聚丙烯铰链几千万次弯折而不断裂，要求在铰链处高度定向。因此，将两点浇口开设在 A 的位置上，如图 8-13（b）所示，浇口设在 A 处，塑料通过很薄的铰链（厚约 0.25 mm）充满盖部的型腔，在铰链处产生高度定向（脱模时立即弯曲，以获得拉伸定向）。

③ 又如成型杯状塑件时，在注射适当阶段转动型芯，由于型芯和型腔壁相对运动而使其间塑料受到剪切作用而沿圆周定向，提高了塑件的周向强度。

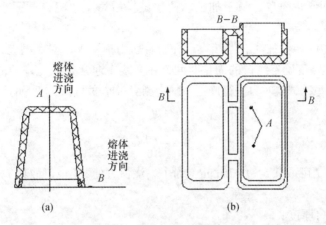

图 8-13　浇口位置与塑料取向

（7）浇口位置应考虑外观质量，尽量开设在不影响塑件外观的部位，如浇口开设在塑件的边缘、底部和内侧。

3. 浇口的类型

（1）直接浇口

① 特点：由主流道直接进料，如图 8-14 所示。

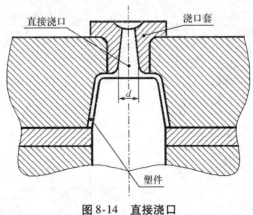

图 8-14　直接浇口

② 优点：浇口尺寸大，流程短，所以流动阻力小，进料快，成型容易，传递压力好，有利于补缩，易于排气；塑件和浇注系统在分型面上的投影面积小，模具结构紧凑，注射机受力均匀。

③ 缺点：浇口处固化慢，易造成成型周期延长，容易产生较大的残余应力，塑件翘

曲变形；浇口截面大，去除浇口困难，浇口凝料切除后塑件上疤痕较大。直接浇口有时被称为非限制性浇口，而其他类型的浇口则统称为限制性浇口。

④ 适用范围：常用于成型大而深的塑件。

常用塑料的直接浇口直径的推荐值如表 8-2 所示。

（2）矩形侧浇口

① 位置：开设在模具分型面处，从塑件侧面进料，适用于一模多腔，如图 8-15 所示。

② 优点：截面形状简单、易于加工、便于试模后修正；浇口截面小，去除浇口容易不留明显痕迹。

③ 缺点：成型的塑件往往有熔接痕存在，且压力损失大，对深型腔塑件排气不利。

④ 尺寸确定：厚度确定浇口的固化时间，在实践中通常是在允许的范围内先将侧浇口的厚度加工得薄一些，试模时再进行修正。确定侧浇口厚度 h 和宽度 b 的经验公式如下：

$$h = nt \tag{8-2}$$

$$b = \frac{n\sqrt{A}}{30} \tag{8-3}$$

在图 8-15 中，l 可取 $0.5 \sim 0.75\,\mathrm{mm}$，为了去浇口方便，$l$ 也可取 $0.7 \sim 2.5\,\mathrm{mm}$，$a = 2 \sim 6°$，$a_1 = 2 \sim 3°$。

式中　h——侧浇口厚度；

t——塑件的壁厚；

n——系数：PS、PE 取 0.6，POM、PC、PP 取 0.7，聚乙酸乙烯酯（PVAC）、PM-MA、PA 取 0.8，PVC 取 0.9；

A——塑件的外侧表面积。

根据式（8-3）计算所得的 b 若大于分流道的直径时，可采用扇形浇口。

（3）扇形浇口

扇形浇口是一种沿浇口方向宽度逐渐增加、厚度逐渐变薄的呈扇形的侧浇口，如图 8-16 所示。

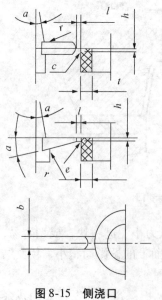

图 8-15　侧浇口

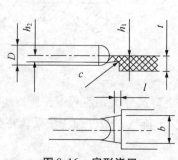

图 8-16　扇形浇口

① 特点：使塑料熔体在宽度方向上的流动更均匀，使塑件内应力减小，空气不易带入型腔，但浇口痕迹较明显。要求浇口截面积不能大于流道截面积。

② 适用范围：常用于扁平而较薄的塑件。

③ 尺寸确定：可以通过计算和查表法，查表法如表8-4所示，计算法见下面公式：
$h_1 = nt$ 与式（8-2）相同。

$$h_2 = \frac{bh_1}{D} \qquad\qquad (8\text{-}4)$$

式中　h_1——浇口出口厚度（mm）；

　　　h_2——浇口进口厚度（mm）；

　　　D——分流道直径（mm）。

图 8-16 中 $l = 1.3\,\text{mm}$，$c = 0.3R\,\text{mm}$。

表 8-4　侧浇口和点浇口的推荐值　　　　　　　　　　单位：mm

塑件壁厚	侧浇口截面尺寸		浇口直径 d	浇口长度 l
	深度 h	宽度 b		
<0.8	~0.5	~1.0		
0.8~2.4	0.5~1.5	0.8~2.4	0.8~1.3	1.0
2.4~3.2	1.5~2.2	2.4~3.3		

（4）点浇口

点浇口俗称小浇口，是一种截面尺寸很小的浇口。如图 8-17 所示。点浇口适用于成型各种壳类、盒类塑件。

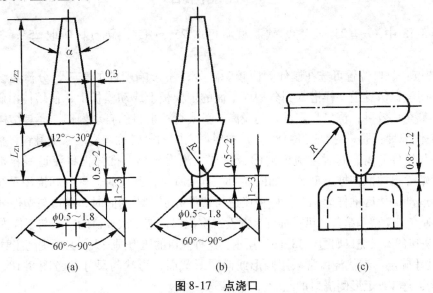

图 8-17　点浇口

① 优点：进料口在型腔底部，排气顺畅，浇口位置灵活，浇口附近变形小，多型腔时采用点浇口容易平衡浇注系统。

对投影面积大的塑件或易变形的塑件，采用多个点浇口能够取得理想的效果。

② 缺点：由于浇口的截面积小，流动阻力大，需提高注射压力，不适用于热敏性塑料及流动性差的塑料，进料口直径受限制，加工较困难，采用点浇口时，为了能够取出流道

凝料，必须使用三板式双分型面模具或两板式热流道模具，费用较高。

③ 尺寸确定：一般点浇口的截面积与矩形侧浇口的截面积相等。设点浇口直径为 d（mm），可以通过查表 8-4 获得，也可以通过计算则：

$$d = 0.206n \sqrt[4]{t^2 A} \tag{8-5}$$

式中　t——塑件壁厚（mm）；

　　　A——塑件外表面积（mm^2）；

　　　n——与塑料品种有关的系数，通常 PE、PS 的 n 值为 0.6，POM、PC、PP 的 n 值为 0.7，PA、PMMA 的 n 值为 0.8，PVC 的 n 值为 0.9。

（5）潜伏浇口

从形式上看，潜伏浇口与点浇口类似，如图 8-18 所示，不同的是采用潜伏浇口只需两板式单分型面模具，而采用点浇口需要三板式双分型面模具。

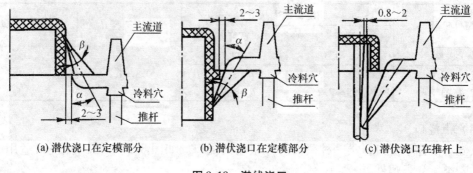

(a) 潜伏浇口在定模部分　　(b) 潜伏浇口在定模部分　　(c) 潜伏浇口在推杆上

图 8-18　潜伏浇口

在图 8-18 中，$\alpha = 25° \sim 45°$，软质材质可取 $25° \sim 45°$，硬质材质取 $25° \sim 30°$；$\beta = 15° \sim 20°$。

① 特点：浇口位置可选在制件侧面较隐蔽处，不影响塑件的美观；分流道设置在分型面上，而浇口像隧道一样潜入到分型面下面的定模板上或动模板上，使熔体沿斜向注入型腔，改善充填效果；浇口与塑件自动脱离，可实行注射机的自动操作，模具结构简单。

② 工作原理：脱模时，图 8-18（a）中冷料穴中的凝料拉动浇注系统凝料，抽出潜伏分流道孔与塑件分离，同时主流道内的凝料与主流道分离，推杆再将流道凝料推出冷料穴，同时塑件也被推杆推出型芯；如图 8-18（b）所示，开模时，塑件和浇注系统凝料都跟着动模运动，然后推杆运动，推杆将流道与塑件分别推出的同时，浇口与塑件分离。

若要避免外侧浇口痕迹，可在推杆上开设二次浇口，使二次浇口的末端与塑件内壁相通，具有二次浇口的潜伏浇口如图 8-18（c）所示，这种浇口的压力损失大，必须提高注射压力。

③ 尺寸确定：潜伏浇口常采用圆形或椭圆形截面，形状与尺寸参考图 8-18，浇口大小可根据点浇口或矩形侧浇口的经验公式计算。

（6）膜状浇口

将浇口的厚度减薄，而把浇口的宽度同塑件的宽度做成一致，故这种浇口又称为平面浇口或缝隙浇口，如图 8-19 所示。膜状浇口适用于成型管状塑件及平板状制品。

除上面介绍常见的浇口形式、特点及尺寸，还有其他浇口（如图 8-20 所示），在此不详细介绍。

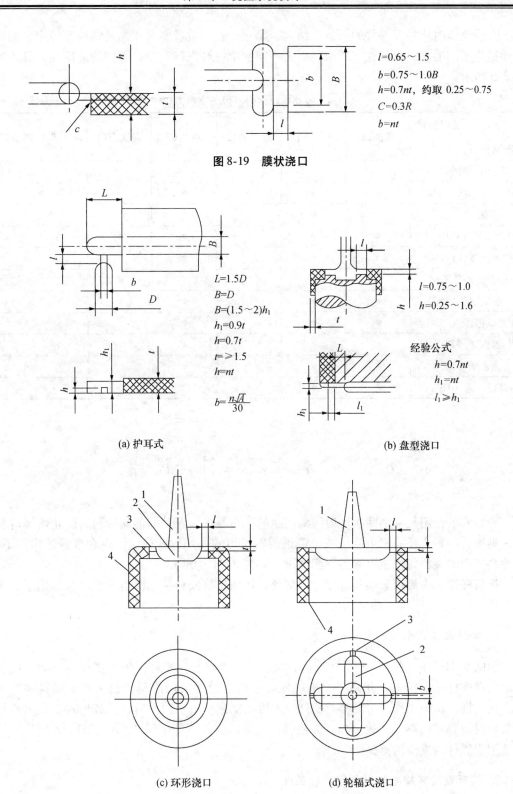

$l=0.65\sim 1.5$
$b=0.75\sim 1.0B$
$h=0.7nt$，约取 $0.25\sim 0.75$
$C=0.3R$
$b=nt$

图 8-19　膜状浇口

$L=1.5D$
$B=D$
$B=(1.5\sim 2)h_1$
$h_1=0.9t$
$h=0.7t$
$t=\geqslant 1.5$
$h=nt$
$b=\dfrac{n\sqrt{A}}{30}$

$l=0.75\sim 1.0$
$h=0.25\sim 1.6$

经验公式
$h=0.7nt$
$h_1=nt$
$l_1\geqslant h_1$

(a) 护耳式　　　　　　　　　　　　　　(b) 盘型浇口

(c) 环形浇口　　　　　　　　　　(d) 轮辐式浇口

图 8-20　其他浇口

1—主流道　2—分流道　3—浇口　4—塑件

开设浇口时应根据塑件的形状、结构、尺寸、表面质量要求和模具结构等确定，同时还要适应不同的塑料材质性能要求，因为不同的塑料对浇口类型有不同的适应性，具体如表 8-5 所示。

表 8-5　部分塑料所能适应的浇口形式

塑料种类 ＼ 浇口形式	直浇口	侧浇口	扇形浇口	点浇口	潜伏浇口	环（盘）形浇口
丙烯酸酯	●	●				
ABS	●	●	●	●	●	●
丙烯-苯乙烯	●	●		●		
聚甲醛（POM）	●	●	●	●	●	●
聚酰胺（PA）	●			●	●	
橡胶改性苯乙烯					●	
聚苯乙烯（PS）	●	●		●	●	
聚碳酸酯（PC）	●	●		●		
聚丙烯（PP）	●	●		●		
聚乙烯（PE）	●	●		●		
硬聚氯乙烯（HPVC）	●					

8.5　冷料穴及拉料杆设计

冷料穴的作用是容纳两次注射间隔产生的冷料及熔体流动的前端冷料，防止熔体冷料进入型腔。冷料穴还有把主流道或分流道凝料拉出的作用，开模后，再在推杆的作用下，把冷料穴内的凝料与主流道凝料一起推出（如图 8-21 所示）。

拉料杆用于主流道末端及分流道分支处，作用是将胶料从主流道中拉出，常用于两板模具中。

1. 冷料穴与 Z 形拉料杆匹配

如图 8-21（a）所示。塑件成型后，拉料穴内冷料与拉料杆的钩头搭接在一起，拉料杆固定在推杆固定板上。开模时，拉料杆通过钩头拉住穴内冷料，使主流道凝料脱离定模，然后推出机构工作，将凝料与塑件一起推出动模。由于顶出后，从 Z 形勾上取出冷料穴凝料时需要横向移动，故顶出后无法横向移动的塑件不能采用 Z 形拉料杆，Z 形拉料杆不适用于脱件板机构的模具。

2. 锥形或圆环槽冷料穴与推料杆匹配

图 8-21（b）、（c）所示为倒锥形和环槽形冷料穴，其凝料推杆固定在推杆固定板上。开模时靠倒锥形或环形凹槽起拉料作用，使浇注系统凝料脱离定模，开模后由推杆强制推出。这两种冷料穴用于弹性较好的塑料品种，由于取凝料不需要侧向移动，较容易实现自

动化操作，但不适用于脱件板机构的模具。

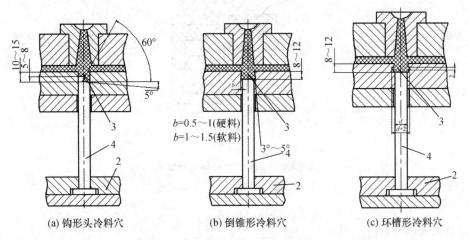

(a) 钩形头冷料穴　　　　(b) 倒锥形冷料穴　　　　(c) 环槽形冷料穴

图 8-21　带拉料杆的冷料穴

1—拉料杆　2—推杆固定板　3—冷料穴　4—推料杆

3. 冷料穴与带球形头（或菌形头）的拉料杆匹配

图 8-22 所示是带球形头（或菌形头）的冷料穴，专用于推板推出机构中。塑料进入冷料穴凝固后后紧包在拉料杆的球形头或菌形头上（件号 3），拉料杆固定在动模边的型芯固定板上，开模时拉料杆将主流道凝料拉出定模，然后推板推顶塑件时，强行将冷料穴从拉料杆上推下，这两种冷料穴和拉料杆主要用于弹性较好的塑料品种。

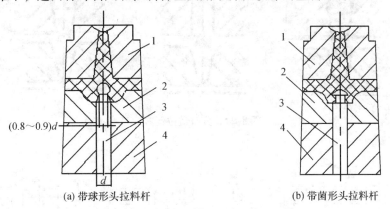

(a) 带球形头拉料杆　　　　　　(b) 带菌形头拉料杆

图 8-22　球形或菌形头拉料杆的冷料穴

1—定模　2—推板　3—拉料杆　4—型芯固定板

4. 带尖锥头拉料杆及无拉料杆的冷料穴

图 8-23 为带尖锥头拉料杆，这类拉料杆一般没有冷料穴，塑料收缩时包紧尖锥头，靠包紧力将主流道凝料拉出定模。其可靠性不如前面几种，但优点是尖锥的分流作用好，在单腔模成型带中心孔的塑件（如齿轮）时常采用，为提高它的可靠性，可用小锥度或增大锥面粗糙度来增大摩擦力。

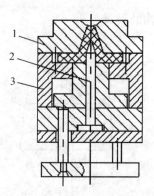

图 8-23　尖锥头拉料杆与冷料穴

1—定模板　2—拉料杆　3—动模板

5. 分流道拉料杆

图 8-24 是分流道拉料方式。分流道拉料杆主要用于三板模具中，其作用是将浇口与零件脱离，并将主浇口凝料拉出，通常装配在三板模具的定模固定板与脱料板之间。分流道拉料杆结构尺寸如图 8-25 和表 8-6 所示。

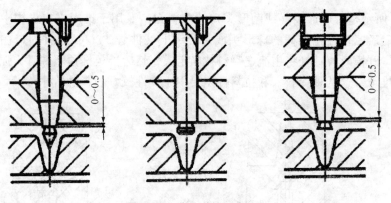

图 8-24　分流道拉料方式

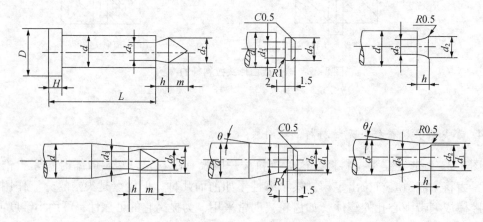

图 8-25　分流道拉料杆结构尺寸

表 8-6 分流道拉料杆尺寸参数 2

d		D	$H^0_{-0.1}$	d_1	d_2	d_3	h	m	θ
基本尺寸	极限偏差（m6）								
4	+0.0012 +0.004	8	4	3.0	2.8	2.3	2.5	5	10°
5		9	4	3.5	3.3	2.8	3	5	10°
6		10	4	4.0	3.8	3.0	3	7	10°
8	0.015 0.006	13	6	5.0	4.8	4.0	4	7	20°
10		15	6	6.0	5.8	4.8	5	7	20°
12	0.018 0.007	17	6	8.0	7.2	6.2	5	7	20°

8.6 习　题

1. 填空题

（1）普通浇注系统一般由_____、_____、_____和_____四部分组成。

（2）通常主流道长度由模板厚度确定，一般取 $L \leqslant$ _____。

（3）_____流道比表面积最小，但加工较复杂些，_____及_____截面分流道加工较容易，且热量损失与压力损失均不大，是常用的形式。

（4）分流道表面不要求太光滑，表面粗糙度通常取 $Ra =$ _____，这可增加对外层塑料熔体流动阻力，使外层塑料冷却皮层固定，形成绝热层，有利于_____。

（5）分流道与浇口常采用_____和_____连接。

（6）分流道常用的布置形式有_____和_____两种。

2. 简答题

（1）设计浇注系统应遵循哪些基本原则？

（2）主流道尺寸与注射机喷嘴尺寸的关系是什么？

（3）限制性浇口的作用有哪些？

（4）常用浇口的种类有哪些？各自应用特点有哪些？

（5）浇口位置的选择原则有哪些？

3. 概念题

流动比、浇注系统。

4. 技能题

绘制图 8-15、8-17、8-18、8-21，掌握浇口设计等。

第9章 排气与引气系统设计

排气和引气是注射模设计中不可忽视的一个问题。排气是解决塑料熔体充满型腔的问题，引气系统是解决塑件脱模的问题。

9.1 排气系统设计

9.1.1 排气的作用

注射时型腔内的气体受压缩将产生很大的背压，需要及时排出，否则影响塑料熔体正常快速充模，同时气体压缩所产生的热量可能使塑料烧焦。在充模速度大、温度高、黏度低、注射压力大和塑件过厚的情况下，气体在较高压力下会渗入塑料制件内部，造成气孔、组织疏松等缺陷。

9.1.2 模内气体来源

（1）型腔和浇注系统中存在空气。

（2）塑料原料中含有水分，在注射温度下蒸发而成为水蒸气。

（3）由于注射温度高，塑料分解所产生的气体。

（4）塑料中某些添加剂挥发或化学反应所生成的气体。例如，热固性塑料成型时，交联反应常产生气体。

塑件上气泡的分布状况：型腔和浇注系统积存空气所产生的气泡，常分布在与浇口相对的部位上；塑料内含有水分蒸发产生的气泡呈不规则分布在整个塑件上；分解气体产生的气泡则沿塑件的厚度分布。由此可以判断气体的来源，选择合理的排气部位。

9.1.3 排气方式

排气的形式很多，如利用分型面间隙、镶件或镶针与其固定板的配合间隙及专用疏气钢等，顶杆和推管的配合间隙也可起排气的作用。

1. 间隙排气

常见注射模间隙排气方式如图 9-1 所示。图 9-1（a）所示的是分型面排气；图 9-1（b）所示的是型芯与模板配合间隙排气；图 9-1（c）、（d）所示的是顶杆运动间隙排气；图 9-1（e）所示的是侧型芯运动间隙排气。

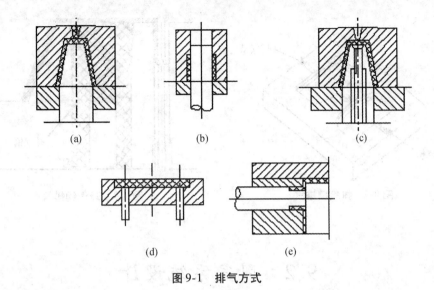

图 9-1　排气方式

2. 排气槽排气

排气槽通常开在分型面上进料口的侧边或对侧，如图 9-2 所示。排气槽通常开设在模具分型面塑料熔体的流动末端，排气槽尺寸以气体能顺利排出而不溢料为原则，不同的塑料材料，排气槽的深度与宽度尺寸不同，因此排气槽的宽度与深度值需根据当前的注塑材料决定。排气槽一般开在型腔（母模仁）侧，加工排气槽时尽可能用铣车加工。

排气槽的尺寸安排，宽度为 3～5 mm，深度为 H，长度为 1～2 mm，深度此后加 0.3～0.8 mm。大模具在分型面上每间隔 40 mm 开设一个排气槽。常用材料排气槽深度如表 9-1 所示。

表 9-1　常用材料的排气槽深度　　　　　　　　单位：mm

塑料品种	排气槽深度	塑料品种	排气槽深度
PE	0.02	AS	0.03
PP、POM	0.01～0.02	PA	0.01
PS	0.02	PA（GF）	0.01～0.03
ABS、SAN、AS、SB	0.03	PETP、PC	0.01～0.03

排气槽设计时需要注意以下要点。

（1）应尽量设在分型面上并尽量设在凹模。

（2）尽量设在料流末端和塑件较厚处。

（3）排气方向不应朝向操作工人，并最好呈曲线状，以防注射时烫伤工人。

3. 疏气钢排气

疏气钢是一种专用排气材料，不同于其他钢材，有良好的透气性。图 9-3 所示为采用疏气钢排气。

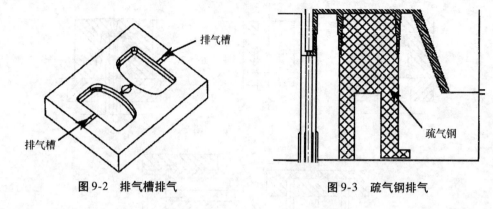

图 9-2　排气槽排气　　　　　　　　图 9-3　疏气钢排气

9.2　引气系统设计

在成型大型深壳形塑件时，塑料熔体充满整个型腔，模腔内的气体被排除，这时塑件的包容面和型芯的被包容面间基本上形成真空，脱模时由于大气压力将造成脱模困难，若采用强行脱模将导致塑件变形，影响塑件质量。为此，必须设置引气系统。

热固性塑料注射模在操作过程中塑件黏附在型腔壁的情况较之热塑性塑料更为严重，其主要原因是塑料在型腔内收缩极微，特别是对于不加镶拼结构的深型腔，开模时空气无法进入型腔与塑料之间而形成真空，使脱模困难。

常用的引气方式有和气阀式引气两种，如图 9-4 所示。

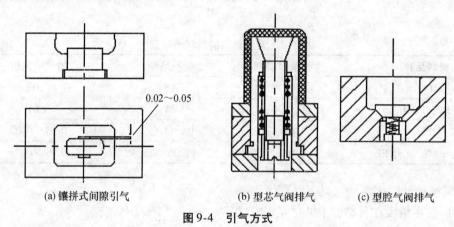

(a) 镶拼式间隙引气　　　　　　(b) 型芯气阀排气　　　　　(c) 型腔气阀排气

图 9-4　引气方式

9.3　习　　题

1. 填空题

_____系统是解决塑料熔体充满型腔的问题，_____系统是解决塑件脱模的问题。

2. 简答题

（1）常用的排气方式有哪些？

（2）常用的引气方式有哪些？

3. 技能题

排气槽排气设计尺寸如何选取？请绘出图形并标注尺寸，注意要点有哪些？

第10章 推出机构设计

在注射成型的每个周期中，塑件必须由模具的型腔或型芯上脱出，这样的机构称为推出机构，也叫顶出机构或脱模机构。推出机构的动作通常是由安装在注射机上的机械顶杆或液压缸的活塞杆来完成的。

10.1 概　　述

推出机构组成如图 10-1 所示，由推出部件、复位部件和导向零部件组成。推出部件有推杆、推板固定板、推板、拉料杆、支撑钉，复位元件有复位杆，导向零部件有推板导套、推板导柱。

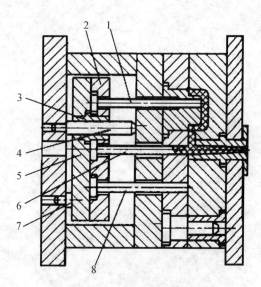

图 10-1　单分型面的注射模推出机构
1—推杆　2—推板固定板　3—推板导套　4—推板导柱　5—推板　6—拉料杆　7—支撑钉　8—复位杆

10.1.1　推出机构的分类

按动力源分类，可分为以下几种。

（1）手动推出机构。手动推出机构是指当模具分开后，用人工操作推出机构使塑件推出，分为模内手工推出和模外人工推出。

（2）机动推出。依靠注射机的开模动作驱动模具上的推出机构，实现塑件脱模。这种模具结构复杂，多用于生产批量的塑件生产。

（3）液压或气动推出。依靠注射机或模具上专用的液压或气动装置，将塑件通过模具上的推出机构推出或吹出模具外。

推出机构按模具的结构特征分为一次推出机构、定模推出机构、二次推出机构、顺序推出机构、点浇口推出机构和带螺纹塑件的推出机构等。

10.1.2　推出机构的设计原则

（1）保证塑件不因顶出受力而变形损坏、影响外观。

设计时必须正确分析和计算塑件对模具黏附力的作用位置和大小，选择合适的脱模方式和恰当的推出位置，平稳脱出塑件。推出位置尽量选择塑件内表面或隐蔽处，使塑件外表面不留推出痕迹。

（2）为了使推出机构简单、可靠，开模时尽可能使塑件留于动模，以利用在注射机动模侧的推出机构推出塑件。

（3）推出机构运动要准确、灵活、可靠，无卡死和干涉现象。机构本身应有足够的刚度、强度和耐磨性。

10.1.3　推出力计算

在进行模具设计时，推出机构的零件截面尺寸和结构与推出力有关，因此需要计算推出力。其近似公式如下：

$$F = Ap \ (\mu\cos\varphi - \sin\varphi) \tag{10-1}$$

式中　F——推出力；

　　　p——塑件对型芯单位面积上的包紧力（一般情况下，模外冷却的塑件，p 取 $2.4 \times 10^7 \sim 3.9 \times 10^7 \mathrm{Pa}$；模内冷却的塑件，$p$ 取 $0.8 \times 10^7 \sim 1.2 \times 10^7 \mathrm{Pa}$）；

　　　φ——脱模斜度；

　　　μ——塑件对钢的摩擦因数，取 $0.1 \sim 0.3$；

　　　A——塑件包容型芯的面积（mm^2）。

推出力的大小除了与脱模斜度、塑件对钢的摩擦因数和塑件包容型芯的面积有关，实际上还与型芯的表面粗糙度值、成型工艺条件等因素有关。

10.2　一次推出机构设计

一次推出机构是指开模后，用一次动作将塑件推出的机构，又称简单推出机构。

它包括推杆推出机构、推管推出机构、推板推出机构、气动推出机构及利用活动镶件或型腔推出机构和多元件联合推出。

10.2.1　推杆推出机构

1. 推杆推出机构的组成

推杆推出机构如图 10-1 所示，是最常用的推出机构。推杆主要由推出部件、推出导向零部件和复位部件等组成。

推杆直接与塑件接触，开模后将塑件推出；推杆固定板和推板起固定推杆及传递注射机顶出压缸推力；支撑钉（又名垃圾钉）调节推杆位置和便于消除杂物。导柱、导套是导向部件使推出过程平稳、推出部件不致弯曲和卡死。复位机构有复位杆，也有利用弹簧复位的，图 10-2（a），弹簧套在一定位柱上，以免工作时弹簧扭斜，同时定位柱也起限制推出距离的作用，避免弹簧压缩过度；也可以采用图 10-2（b）的形式，将弹簧套在推杆上；在推杆多、复位力要求大时，弹簧常与复位杆配合使用，以防止复位过程中发生卡滞或推出机构不能准确复位的情况。

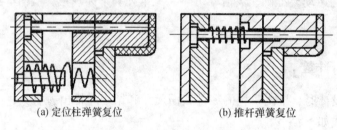

(a) 定位柱弹簧复位　　　　　　　　　(b) 推杆弹簧复位

图 10-2　弹簧复位结构

复位部件的作用是使完成推出任务的推出部件回复到初始位置。

2. 推杆设计要点

（1）推杆应设置在推出阻力大的地方。图 10-3（a）所示壳或盖类塑件的侧面阻力最大，推杆应设在端面或靠近侧壁的部位，要求不能和型芯（或嵌件）距离太近，以免影响凸模或凹模的强度；当塑件形状对称、各处推出阻力相同时，推杆应均衡布置，使塑件推出时受力均匀，以防止变形；图 10-3（b）所示塑件局部带凸台或筋，推杆通常设在凸台或筋的底部；推杆不宜设在塑件壁薄处，若结构需要顶在薄壁处时，可增大推出面积以改善塑件受力状况，图 10-3（c）采用推出盘的形式；当塑件上不允许有推出痕迹时，可采用图 10-3（d）所示的推出耳形式，推出后将推出耳剪掉。

（2）推杆应有足够的强度和刚度承受推出力，以免推杆在推出时弯曲或折断。推杆直径通常取 2.5～12 mm，对于直径小于 3 mm 的细长推杆应做成下部加粗的阶梯形（如图 10-4（b）所示）。推杆的常用截面形状如图 10-5 所示，圆形截面为最常用的形式，标准圆形截面推杆的结构如图 10-5（h）所示。推杆直径的具体选取，在模具设计时根据塑件的结构与推出力，选取标准尺寸。

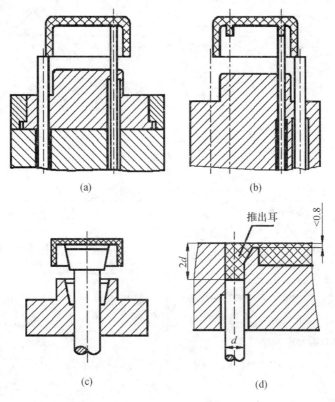

图 10-3　推杆推出机构

（3）推杆与推杆孔配合一般为 H8/f 8 或 H9/f 9，配合长度（1.5～2.0）d（如图 10-4（a）所示），表面粗糙度 $R_a \leqslant 0.8 \mu m$，其配合间隙不大于所用塑料的溢料间隙，以免产生飞边。常用塑料的溢料间隙参看表 10-1。

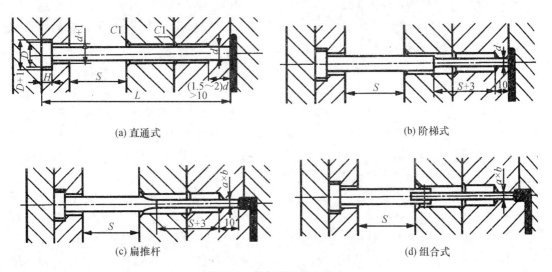

图 10-4　推杆的结构与配合

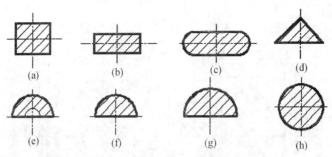

图 10-5　推杆的常用截面形状

表 10-1　推杆与孔之间的单面间隙值　　　　　　　　　　　　单位：mm

塑料名称	间隙值
PA、PS、PE	0.015～0.02
ABS、S/AN、PVC、PC、POM	0.02～0.025
热固性塑料	0.01～0.015

（4）推杆端面应和型腔在同一平面或比型腔的平面高出 0.05～0.10 mm。

（5）对带有侧向抽芯的模具，推杆位置应尽量避开侧向型芯位置，否则需设置推杆先复位装置，以免与侧抽芯发生干涉。

（6）对于开有冷却水道的模具，应避免推杆穿过冷却水道，并与冷却水道保持一定距离，以保证加工。

（7）顶出行程一般规定在被顶出成品脱离模具 5～10 mm，顶出行程最终取 5 的倍数，便于取标准模架。在成型一些形状简单且推出斜度较大的桶形产品时，可将顶出行程确定为产品深度的 2/3。

（8）在型芯侧顶杆时，需要注意模仁强度，推杆距模仁边最小距离为 0.8 mm。

（9）选择推杆时，在允许的范围内直径尽可能大，且是标准品。同一产品上的推杆不宜多类，为加工节约成本与时间。

（10）推杆的材料及热处理。材料：T8、T10，热处理 50～54HRC；推杆材料可选取 65Mn，热处理 46～50HRC。

10.2.2　推管推出机构

推管以环形周边接触塑件，故推顶塑件力量均匀，塑件不易变形，无明显推出痕迹。特点是主型芯和凹模可同时设计在动模一侧，以利于提高塑件的同轴度。

但对于壁厚过薄的塑件（壁厚 < 1.5 mm），推管加工困难，且易损坏，不宜采用推管推出。适用于环形、筒形塑件或塑件带孔部分的推出。

推管推出机构的结构形式如图 10-6 所示，图 10-6（a）结构是型芯固定在动模座板上，型芯较长，适用于推出行程不大的场合。图 10-6（b）结构是型芯固定在型芯固定板上，推管在型腔板内滑动，使推管和型芯长度缩短，但型腔板厚度增加。图 10-6（c）为推管在轴向开有连接槽或孔，可用键或销将型芯连接在推管上，缺点是紧固力小，只适用于小尺寸型芯。上述几种推管推出机构均需采用复位杆复位。

如图 10-7 所示，推管内径与型芯配合采用间隙配合，小直径推管装配公差取 H8/f8，大直径推管装配公差取 H7/f6。推管与型芯的配合长度比推出行程 S 长 3～5 mm，推管与模板的配合长度一般为（1.5～2）D；其余部分非配合，模板孔取 $D+1$ 尺寸，推管取孔 $d+1$。

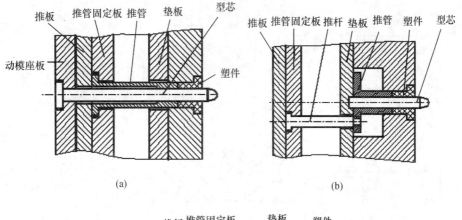

图 10-6　推管推出机构的结构形式

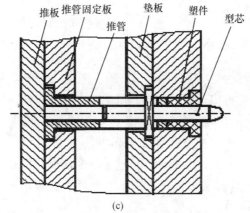

图 10-7　推管的组合形式

10.2.3　推板推出机构

　　图 10-8 所示是推板推出机构，在型芯的根部有一块推件板，与塑件的整个端面接触，推出时，用推杆推动推件板运动，从而推动塑件推出。

　　推板推出机构特点是用面积大，推出力大且均匀，并且在塑件上无推出痕迹，常用于薄壁容器及各种罩壳类塑件。

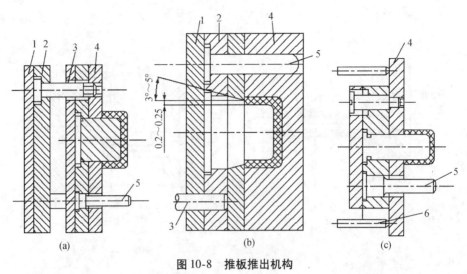

图 10-8　推板推出机构

1—推板　2—推杆固定板　3—推杆　4—推件板　5—导柱　6—注射机顶柱

推板推出机构的结构形式如图 10-8 所示，图 10-8（a）为推件板与推杆采用螺纹连接，可以避免推件板在推出过程中脱落；图 10-8（b）为推件板与推杆无固定连接，所以要求导柱较长，以防止推件板脱落；图 10-8（c）所示结构适用于两侧具有顶出杆的注射机，模具结构简单，但推件板要适当加大和加厚。

推板推出机构设计要点：为减少脱模过程中推件板与型芯之间的摩擦，推件板与型芯之间留有 0.2～0.25 mm 的间隙，并采用锥面配合，以防止间隙漏料，锥面的斜度取 3°～5°，如图 10-8（b）所示。

注意，大型深腔薄壁或软质塑料容器，采用推板推出时，塑件内部容易形成真空，使脱模困难，应在凸模上附设引气装置。

10.2.4　利用成型零件推出的推出机构

除了上述的推出机构外，还可利用成型镶件或型腔带出塑件，使之推出。图 10-9（a）所示是利用螺纹型环作推出零件；图 10-9（b）是利用活动成型镶件推出塑件，推杆推出型芯镶件，塑件取出后，推杆带动镶件复位；图 10-9（c）结构是用型腔带出塑件，型腔推出塑件后，人工取出塑件，该结构适用于软质塑料，但型腔数目不宜过多，否则成型周期太长，影响设备使用效率。

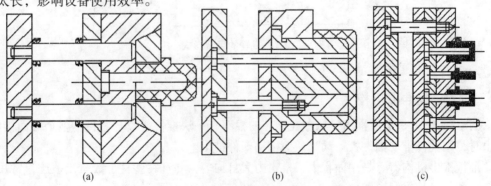

图 10-9　利用成型件推出的推出机构

10.2.5　多元件组合推出机构

对于些深腔壳体、薄壁制品等复杂塑件，用单一的推出方式，不能保证塑件顺利脱出，需采用两种以上的联合推出机构推出。图 10-10 为推杆、推管与推板三种元件联合使用。

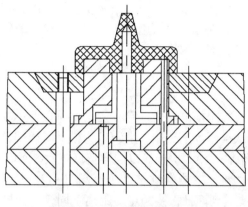

图 10-10　多元件综合推出机构

10.2.6　气压推出机构

图 10-11 所示是气压推出机构，常用于深腔塑件及软性塑件推出，模具简单，但需要气动辅助设备和气阀等，还需要 0.1～0.4MPa 的压缩空气。开模后，阀杆 2 碰到挡板 3，阀杆上移阀门打开气路通畅，空气进入型芯与塑件之间，使塑件推出。

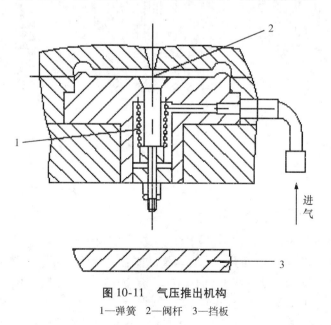

进气

图 10-11　气压推出机构
1—弹簧　2—阀杆　3—挡板

10.3　二次推出机构设计

对于形状复杂的塑件或需要生产自动化的塑件，在一次推出动作后，塑件仍不能推出或不能自动脱落时，必须增加一次推出动作，才能使塑件推出；有时为避免一次推出使塑件受力过大，防止塑件变形和损坏，也采用二次推出，以保证塑件质量。

二次推出机构形式很多，下面选出几例进行简介。

1. 八字摆杆式推出机构

图 10-12 为八字摆杆式二次推出机构，它有两个对称的呈八字形状的摆杆 4，并有两块推板，一次推板 7 和二次推板 8。图 10-12（a）为模具动模部分，开模后，注射机顶杆 6 推动一次推板，同时定距块 5 使二次推板以同样速度推动塑件，使塑件和型腔一起运动而脱离动模型芯，完成一次推出。当塑件被推出至图 10-12（b）位置时，一次推板碰到八字形摆杆 4，因为摆杆支点到两推板接触点的距离不同，在摆杆的摆动下，使二次推板向前运动的距离大于一次推板的距离，因而使塑料制件从型腔中脱出，实现二次推出（如图 10-12（c）所示）。

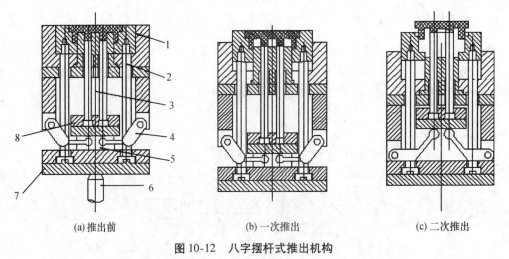

（a）推出前　　　　　　　　　　（b）一次推出　　　　　　　　　　（c）二次推出

图 10-12　八字摆杆式推出机构

1—型腔　2，3—推杆　4—八字形摆杆　5—定距块　6—注射机顶杆　7——次推板　8—二次推板

2. 摆块拉板式推出机构

图 10-13 是摆块拉板式二次推出机构，利用活动摆块推动型腔完成一次推出，然后由推杆完成二次推出。图 10-13（a）为模具合模状态；开模时，固定在定模的拉板 7 带动活动摆块 5 使其旋转，活动摆块 5 将型腔 1 抬起，完成一次推出，限位螺钉 2 起到对型腔板限位作用，开模到图 10-13（b）所示的位置，型芯 8 与塑件完全分离；继续开模，开模结束后，由注射机顶杆 4 通过推杆 3 将塑件从型腔中推出。弹簧 6 的作用是使活动摆块始终靠紧型腔，如图 10-13（c）所示。

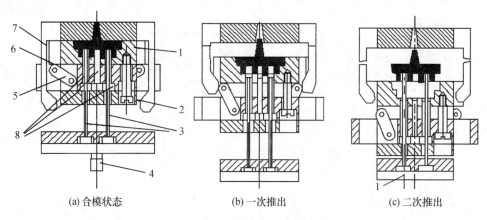

(a) 合模状态　　　　　　　　(b) 一次推出　　　　　　　　(c) 二次推出

图 10-13　摆块拉板式推出机构

1—型腔　2—限位螺钉　3—推杆　4—注射机顶杆　5—活动摆块　6—弹簧　7—拉板　8—型芯

3. 弹簧顺序推出机构

图 10-14 所示为弹簧顺序推出机构，合模时弹簧受压缩，如图 10-14（a）所示，开模时，首先在弹簧作用下，使在 $B—B$ 分型面分型，使塑件与型芯分离如图 10-14（b）所示；分模一定距离，限位螺钉进行限位，接着在推杆的作用下，塑件脱离模具，如图 10-14（c）所示。

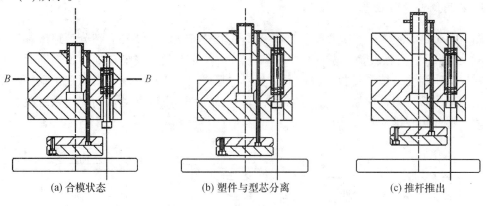

(a) 合模状态　　　　　　　(b) 塑件与型芯分离　　　　　　　(c) 推杆推出

图 10-14　弹簧顺序推出机构

4. 拉钩顺序推出机构

图 10-15 所示是拉钩顺序推出机构的两种形式。如图 10-15（a）所示，合模后挡块 2 和拉钩 3 锁紧，使 $B—B$ 分型面锁紧，开模时先从 $A—A$ 分型面分型，开模到一定距离，压块 1 与拉钩 3 相碰，拉钩在压块作用下摆动而脱钩，定模受拉板 4 限制而停止运动，于是在 $B—B$ 分型面处分型。图 10-15（b）所示结构也是拉钩顺序推出结构，动作原理同上。

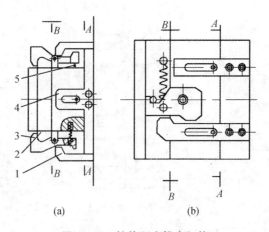

图 10-15　拉钩顺序推出机构

1—压块　2—挡块　3—拉钩　4—拉板　5—弹簧

10.4　浇注系统凝料的脱出和自动脱落机构

要求浇注系统凝料能自动脱落是为了适应自动化生产的需要。

1. 利用侧凹拉断点浇口凝料

图 10-16 是利用侧凹和中心拉料杆将浇注系统凝料推出的结构。在分流道末端钻一斜孔，就是侧凹 1，开模时浇注系统凝料受斜孔内凝料的限制，在浇口处与塑料断开，然后由拉料杆钩住浇注系统凝料脱离斜孔，与动模一起移动，浇注系统凝料留在了动模，当开模一定距离，拉杆阻挡使型腔板停止移动，而中心拉料杆继续移动从而浇注系统凝料与动模分离。塑件再在推板作用下推出。

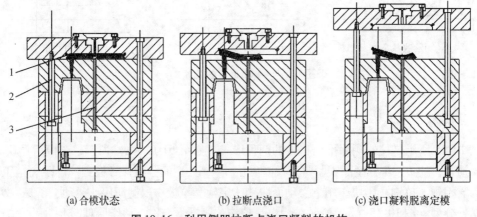

(a) 合模状态　　　　　(b) 拉断点浇口　　　　　(c) 浇口凝料脱离定模

图 10-16　利用侧凹拉断点浇口凝料的机构

1—侧凹　2—拉杆　3—中心拉料杆

2. 利用拉料杆拉断点浇口凝料

图 10-17 是利用拉料杆拉断点浇口凝料的结构。开模时，先在 A—A 分型面分模，因为有拉料杆与浇注系统凝料的摩擦或锁紧作用，C—C 分型面被锁紧，并使浇注系统凝料留在浇口衬套里，而塑件在型芯的作用下，与浇口断裂，并从型腔脱出，如图10-17（a）所示；当拉板 7 与型腔板 2 上定位柱相碰时，型腔板 2 在拉板 7 的作用下在 B—B 分型面开模，当型腔板 2 运动到一定位置时，型腔板 2 又与拉杆 1 相碰，拉杆 1 带动拉料板 6 移动，在 C—C 分型面分模，从而使浇注系统凝料与拉料杆 4 和主浇口衬套脱离（如图 10-17（b）所示），完成浇注系统凝料推出，接着塑件在推杆的作用下与型芯分离，完成推出。

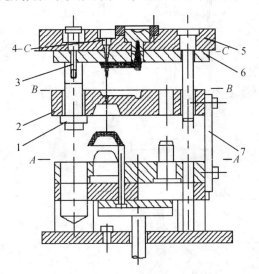

(a) 浇注系统凝料与塑件分离固定不动　　　　　　(b) 浇注系统凝料离开浇口套与拉料杆

图 10-17　利用分流道推板拉断点浇口

1—拉杆　2—型腔板　3—限位螺钉　4—拉料杆　5—定位底板　6—拉料板　7—拉板

3. 开设在动模部分的潜伏浇口自动脱料机构

图 10-18 所示是在动模部分开设潜伏浇口的结构。开模时，由于型芯的包紧作用、潜伏浇口的拉力作用，以及冷料穴的拉料作用，塑件与浇注系统凝料与定模分离，跟随动模移动；开模完毕，推出机构工作，在推杆的作用下，浇注系统凝料潜伏部分与塑件分离，塑件和浇注系统凝料分别推出。

4. 开设在推杆上的潜伏浇口自动脱料机构

图 10-19 所示为开设在推杆上的潜伏浇口自动脱料机构。开模时，塑件及浇注系统与动模一起移动并留在动模，开模完毕，推出机构工作，在推杆的作用下，浇注系统凝料在浇口 3 处断裂，推杆部分浇注系统凝料 4 跟随塑件脱离模具，浇注系统凝料也在推杆 2 的作用下脱离模具。

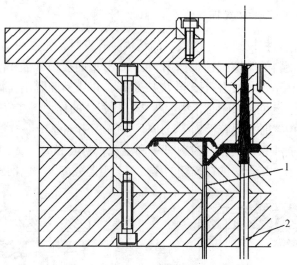

图10-18 动模部分的潜伏浇口机构

1—塑件推杆 2—浇注系统推杆

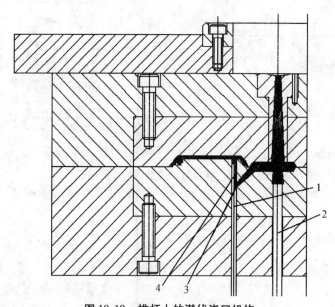

图10-19 推杆上的潜伏浇口机构

1—塑件推杆 2—浇注系统推杆 3—浇口 4—浇注系统凝料

一般情况下，模具的推出机构设计在动模，这是因为塑件常会包紧型芯而留在动模；但有些复杂的塑件在脱模时不能留在动模，因此这时推出机构必须设计在定模，定模推出机构常用板式推出，推出动力有弹簧、拉板、拉链等，具体结构这里不再详述。

10.5　塑件螺纹的推出机构

10.5.1　强制脱螺纹

　　图 10-20 所示为强制脱螺纹机构，对于塑性较好的软质塑件如聚乙烯和聚丙烯等，可用强制脱模，这种形式的模具结构简单，用于精度要求不高的塑件。具体塑件机构要求应符合图 3-7，凸出或凹进部分应有相应的圆角。

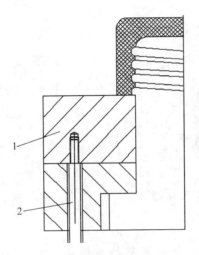

图 10-20　强制脱螺纹推出机构
1—推板　2—推杆

10.5.2　利用活动螺纹型芯或螺纹型环脱螺纹

　　如果塑件批量较少时，为了降低模具成本可以将螺纹部分做成活动型芯或活动型环随塑件一起推出，然后机外将它们分开，如图 10-21 所示。

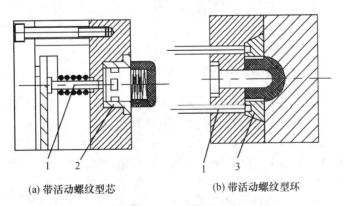

(a) 带活动螺纹型芯　　　　　　　　(b) 带活动螺纹型环

图 10-21　活动螺纹型芯或螺纹型环脱螺纹推出机构
1—推杆　2—活动型芯　3—活动型环

10.5.3 间断螺纹的侧抽芯推出机构

图 10-22 所示为间断螺纹的侧抽芯推出。塑件有三段间断的内螺纹，模具的型芯由主型芯和三个滑块组成，推出机构工作时，推杆推动滑块，滑块沿着斜导轨的方向移动，滑块推动塑件脱离主型芯，同时滑块也向内侧移动，从而滑块上的螺纹凸起脱离塑件的螺纹沟槽。

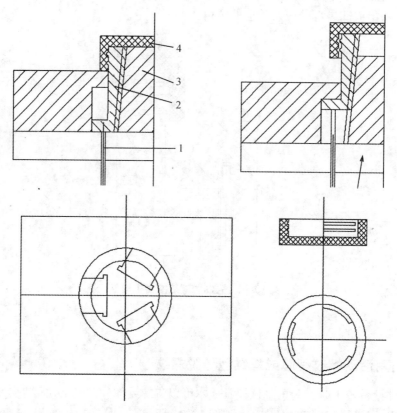

图 10-22 间断内螺纹的内侧推出机构
1—推杆 2—滑块 3—主型芯 4—塑件

10.5.4 回转脱螺纹的推出机构

塑件上的内螺纹用螺纹型芯成型，外螺纹用螺纹环成型。带螺纹塑件成型后，塑件与螺纹型芯或型环必须作相对转动和移动才能推出，因此塑件的外表面或端面应考虑带有止转的花纹或图案，如图 10-23 所示。

螺纹回转推出机构是利用塑件与螺纹型芯或型环相对转动与相对移动脱出螺纹。回转机械可设在动模或定模，通常模具回转机构设置在动模一侧。驱动方式缸驱有人工驱动、电动机驱动及利用开模运动通过齿轮齿条或大升角丝杠螺母驱动、液压缸驱动或气缸驱动等。

人工驱动螺纹脱模的模具结构简单，旋转动力是人力，不再详述。

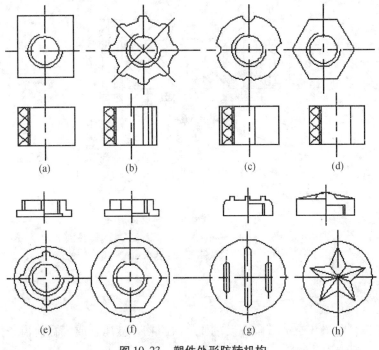

图 10-23　塑件外形防转机构

1. 开模力驱动旋转螺纹脱模

原理是利用开模时的开模力和开模方向的直线运动，通过齿轮齿条或丝杠的运动，使螺纹型芯作回转运动而脱离塑件。模具虽然结构复杂，但效率高。

图 10-24 是成型侧向螺纹的齿条驱动齿轮旋退机构。开模时，齿条导柱 1 带动齿轮 6，齿轮 6 带动螺纹型芯 4 旋转并沿套筒螺母 3 做轴向移动，脱离塑件。

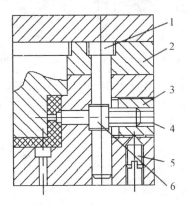

图 10-24　成型侧向螺纹的齿条驱动齿轮旋退机构
1—齿条导柱　2—固定板　3—套筒螺母　4—螺纹型芯　5—紧定螺钉　6—齿轮

图 10-25 是锥齿轮螺纹型芯旋退机构。如果成型螺纹的轴线与开模方向一致，则可采用图中结构，它可用于侧浇口多型腔模。开模后，主流道被螺纹拉料杆 8 拉至动模上，浇注系统凝料有止转的作用，各塑件被旋退。注意螺纹型芯与拉料杆的旋向相反，因此两者的螺距应相等且做成正反螺纹。

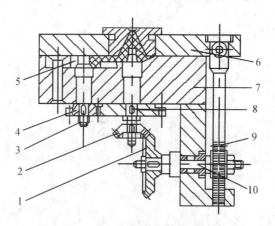

图 10-25　锥齿轮脱螺纹机构

1，2—锥齿轮　3，4—圆柱齿轮　5—螺纹型芯　6—定模底板
7—动模板　8—螺纹拉料杆　9—齿条导柱　10—齿轮

2. 其他动力源脱螺纹机构

图 10-26（a）是液压缸或气缸驱动的脱螺纹机构。液压缸或气缸使齿条往复运动，通过齿轮旋转带动螺纹型芯回转，使型芯脱离塑料。

图 10-26（b）是电动机驱动的脱螺纹机构。电动机和蜗轮蜗杆使螺纹型芯回转，使型芯脱离塑件。

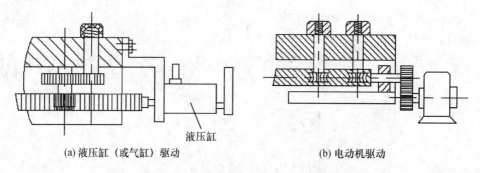

(a) 液压缸（或气缸）驱动　　　　　　　(b) 电动机驱动

图 10-26　气缸、液动与电动机驱动的脱螺纹机构

10.6　习　　题

1. 填空题

（1）推出机构按动力源分类分为_____、_____和_____。

（2）推出机构按模具的结构特征分为一次推出机构、_____、_____、_____、_____和带螺纹塑件的推出机构等。

（3）一次推出机构包括_____、_____、_____和气动推出机构及利用活动镶件或型腔推出机构和多元件联合推出机构。

（4）推杆推出机构主要由_____、_____和_____等组成。

2. 简答题

（1）推出机构的设计原则有哪些？
（2）推杆的设计要点有哪些？
（3）推板推出机构设计要点有哪些？
（4）塑件螺纹的推出机构的种类有哪些？

3. 概念题

推出机构、一次推出机构、二次推出机构。

4. 读图题

分析解读图 10-13、10-16—10-19 的推出工作原理。

第 11 章 模架的选取与模具标准件

11.1 模 架

模架是成型模具的工艺装备，模架结构主要包括定模板、动模板、定模座板、动模座板、垫块、推板、推板固定板、支撑板、导柱、导套、支撑柱、推出机构导柱导套、复位杆、支撑钉等。在模具制造时，使用标准模架可以降低生产周期，保证模具精度，因此模具设计时常采用标准模架。这里介绍的模架是模具行业常用的模架。图 11-1 标出了两板模组成零部件的名称。

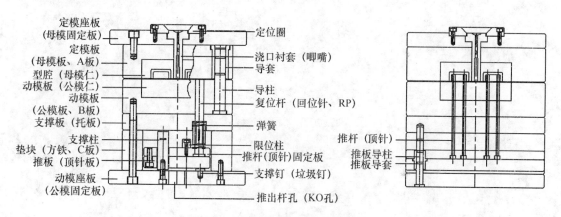

图 11-1 两板模组成零部件的名称

模具行业模架上标准件的代号如下：

GB——导套，GP——导柱，RP——复位杆、复位销、回位针，EGP——推板导柱、顶针板导柱，ST——支撑钉、垃圾钉、止位销，A 板——定模板、母模板，B 板——动模板、公模板，STP——限位柱、限位块，SUP——支撑柱，STB——小拉杆，KO 孔——推出杆孔。

11.1.1 模架的形式

模具行业常见的模架形式有三种，分别为大水口模架、细水口模架和简化型细水口模架。大水口模架通常称为两板模，细水口模架称为三板模。其中，每一种模架又包括多种类型。

1. 三板模

三板模包括三种类型，分别为工字模（SAI、SBI、SCI、SDI）、直身有面板模（SAT、SBT、SCT、SDT）和直身无面板模（SAH、SBH、SCH、SDH）。

（1）工字模

工字模与其他同类模架最大的区别在于定模座板和动模座板宽度方向尺寸大于定模板 A 和动模板 B 尺寸，图 11-2 所示为常见工字模模架。

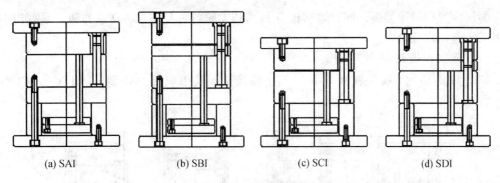

(a) SAI　　　(b) SBI　　　(c) SCI　　　(d) SDI

图 11-2　工字模模架

（2）直身有面板模

直身有面板模模架最大的特点在于定模座板和动模座板尺寸大小与定模板 A 和动模板 B 尺寸相同，其示意图如图 11-3 所示。

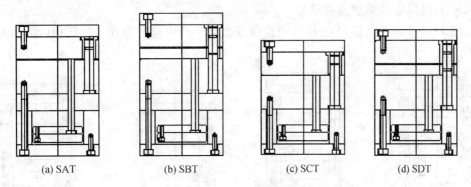

(a) SAT　　　(b) SBT　　　(c) SCT　　　(d) SDT

图 11-3　直身有面板模模架

（3）直身无面板模

直身无面板模模架没有定模座板，如图 11-4 所示。

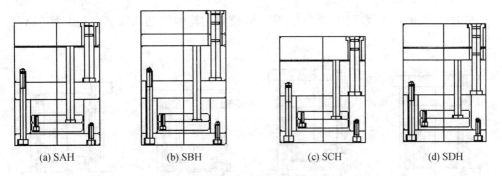

(a) SAH　　　(b) SBH　　　(c) SCH　　　(d) SDH

图 11-4　直身无面板模模架示意图

直身模常用于模具尺寸大、安装有特殊要求的情况，在实际的模具加工过程中，需在定模座板与动模座板上创建模架固定位，以方便将模架固定在注射机上。

2. 两板模

两板模包括两种类型，即有脱料板 D 系列和无脱料板 E 系列，D 系列和 E 系列当中又分为工字模和直身模。

（1）有脱料板 D 系列工字模

如图 11-5 所示为有脱料板 D 系列工字模模架，其中包括 DAI 型、DBI 型、DCI 型和 DDI 型。

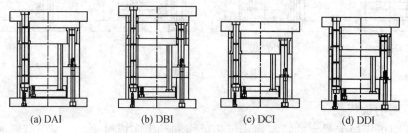

(a) DAI   (b) DBI   (c) DCI   (d) DDI

图 11-5 有脱料板 D 系列工字模模架示意图

（2）有脱料板 D 系列直身模

如图 11-6 所示为有脱料板 D 系列直身模模架，其中包括 DAH 型、DBH 型、DCH 型和 DDH 型。

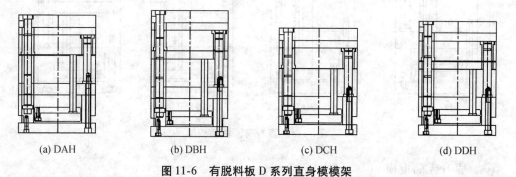

(a) DAH   (b) DBH   (c) DCH   (d) DDH

图 11-6 有脱料板 D 系列直身模模架

（3）无脱料板 E 系列工字模

如图 11-7 所示为 E 系列无脱料板工字模模架，其中包括 EAI 型、EBI 型、ECI 型和 EDI 型。

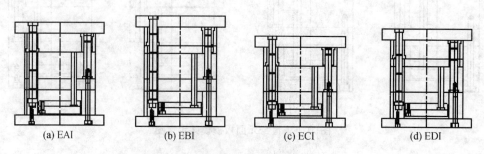

(a) EAI   (b) EBI   (c) ECI   (d) EDI

图 11-7 无脱料板 E 系列工字模模架

（4）无脱料板 E 系列直身模

如图 11-8 所示为无脱料板 E 系列直身模模架，其中包括 EAH 型、EBH 型、ECH 型和 EDH 型。

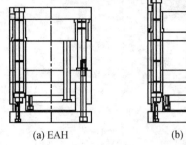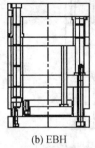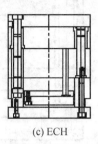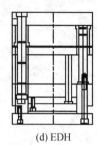

| (a) EAH | (b) EBH | (c) ECH | (d) EDH |

图 11-8　无脱料板 E 系列直身模模架

图 11-9 所示为两板模侧面结构图，模架结构与一般的三板模相类似，唯一不同的是两板模中多了一块脱料板和四根拉杆。

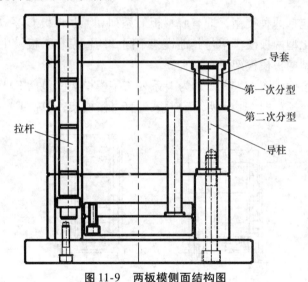

图 11-9　两板模侧面结构图

两板模动定模两侧都有导柱和导套，如图 11-10 所示。

在两板模基础上，将定模座板和动模座板的尺寸设置成与型腔固定板或型芯固定板的长宽尺寸相同，便形成了两板模直身型模架，如图 11-11 所示。

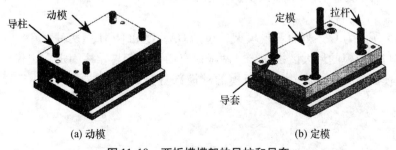

| (a) 动模 | (b) 定模 |

图 11-10　两板模模架的导柱和导套

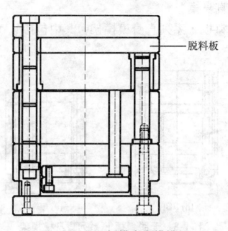

图 11-11　两板模直身模模架

3. 简化型两板模

简化型两板模包括两种类型，即有脱料板 F 系列和无脱料板 G 系列。两个系列包括工字模和直身模。简化型两板模模架与其他模架不同，两板模和三板模中的每一个系列都有四种类型，而简化型两板模模架只有两种。

（1）F 系列工字模。图 11-12 所示为 F 系列工字模模架，包括 FAI 型和 FCI 型两种。

（2）F 系列直身模。图 11-13 所示为 F 系列直身模模架，包括 FAH 型和 FCH 型两种。

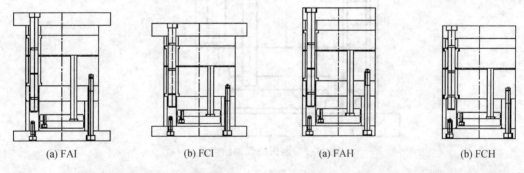

| (a) FAI | (b) FCI | (a) FAH | (b) FCH |

图 11-12　简化型两板模 F 系列工字模模架　　　　　图 11-13　简化型两板模 F 系列直身模模架

（3）G 系列工字模

图 11-14 所示为 G 系列工字模模架，包括 GAI 型和 GCI 型两种。

（4）G 系列直身模

图 11-15 所示为 G 系列直身模模架，包括 GAH 型和 GCH 型两种。

两板模与三板模的最大区别在于，两板模有四个导套与导柱固定在定模侧；两板模与简化型两板模的最大区别在于，两板模的动模部分有四个导柱导套，并且导柱末端有限位块。

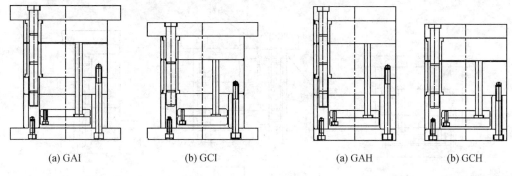

(a) GAI　　　　　(b) GCI　　　　　　　(a) GAH　　　　　(b) GCH

图 11-14　简化型两板模 G 系列工字模模架　　　**图 11-15　简化型两板模 G 系列直身模模架**

11.1.2　两板模与三板模的比较

在对两板模与三板模两种模具比较前先来熟悉一下这两种模具的特性，两板模与三板模最大的区别在于两者的分型次数。

1. 两板模主要特性

（1）结构简单、装配容易、发生故障的概率小、模具使用寿命长。

（2）成型周期短、效率高，适用于各种浇口形式。

（3）模具成本低，浇口位置受到制件的限制，不容易实现自动化，有明显的浇口痕迹。

2. 三板模主要特性

（1）构造复杂、不容易装配、精度高，容易出现故障、模具使用寿命短。

（2）加工困难、进浇位置容易调整，容易成型。

（3）容易实现自动化生产，无明显的浇口痕迹，无须手工去除制件上的浇口料。

（4）模具成本高、成型周期较长、浇注系统废料多。

3. 外观和结构方面比较

（1）外观

两板模与三板模就外观上而言，两者最大的差异点在于三板模的定模固定板与定模板之间多了一块脱料板，如图 11-16 所示。

（2）结构

就模具结构而言，两板模中只有 4 个导柱和导套，而三板模除了动模侧有导柱外，定模侧也有 4 个长拉杆，从图 11-16 中可以得知。且三板模定模侧多了小拉杆、扣针和开闭器等相关装置，这些装置将用于控制模具开模顺序与开模行程。

11.1.3　模架的选取方法

模架的选取方法是作为一名模具设计师必须要掌握和熟知的，模架大小选取的合理与否将直接影响模具质量和成本，模架在实际中的选取一般依据设计者在工作中所得到的经验以及工厂标准。下面介绍的是一些模具制造厂的厂标准，供参考。

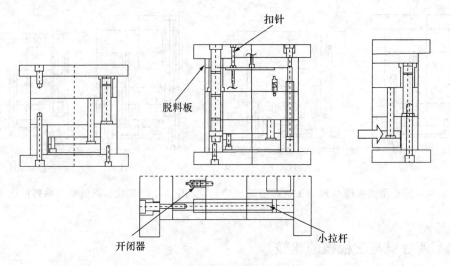

图 11-16　模架比较

1. 模架选取的基本准则

选取模架时应从零件结构、模具分型要求和经济成本多个方面考虑。

（1）当模架整体尺寸在 250 mm（包括 250 mm）以下时，用工字形模架。模架在 250～350 mm 时，用直身有面板模架（T 形）。模架在 400 mm 以上并且有滑块时，用直身有面板模架（T 形），没有滑块时用直身无面板模架（H 形），如图 11-17 所示。

（2）当 A 板开框深度较深（一般大于 60 mm 时），可考虑开通框或选用无面板的模架；有滑块或母模滑块的模架，A 板不应开通框，当 A 板开框深度较深（一般大于 60 mm时），可考虑不用面板。

（3）有定模座板的模架一定不可以母模导柱公模导套。

（4）当模仁是圆形时，选用有垫板的模架。

（5）当有滑块或母模滑块时导柱一定要先入 10～15 mm，斜导柱才可以顶入滑块内，即当导柱特别长时，应母模导柱公模导套，以方便加长导柱。

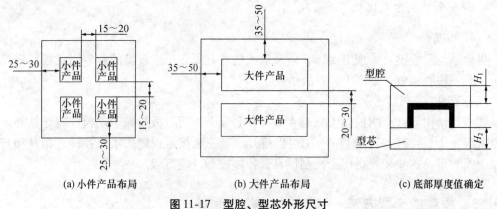

(a) 小件产品布局　　　　(b) 大件产品布局　　　　(c) 底部厚度值确定

图 11-17　型腔、型芯外形尺寸

2. 选取模架的大小

模架的形式确定后接着开始确定模架的尺寸大小，模架尺寸大小根据型腔、型芯镶件尺寸确定。

（1）型腔布局和型腔、型芯镶件外形尺寸确定

① 对于小件产品（产品尺寸小于 80 mm），产品和产品间的距离为 15～20 mm；对于大件产品，产品和产品间的距离为 20～30 mm。型腔深度越深，产品之间的边距越大。开设浇口的部位如果需要可以再放大一些。

② 小件产品型腔内壁到型腔镶件外侧的距离为 25～30 mm；大件产品型腔内壁到型腔镶件外侧的距离为 35～50 mm；

③ 对于型腔底部厚度，小件产品型腔底部厚度 H_1 取 25～30 mm；大件产品取 35～50 mm；

型芯厚度 H_2 比 H_1 大 5～10 mm；

④ 产品基准线到型芯或型腔中心线的距离要取整数，型芯与型腔长度、宽度、厚度尺寸一定要取整数，最好取 5 的倍数。

（2）模板尺寸选取

① 两板模模架在 2525 以下，有面板的模架，定模板（A 板）的厚度为型腔镶件厚度加 25～30 mm，动模板（B 板）的厚度为型芯镶件厚度加 40～50 mm（如图 11-18 所示）；2730 以上模架，定模板的厚度为型腔镶件厚度加 25～35 mm，动模板的厚度为型芯镶件厚度加 50～70 mm（如图 11-19 所示）；无面板系列模架定模板和动模板的厚度一般等于开槽深度加 30～40 mm。

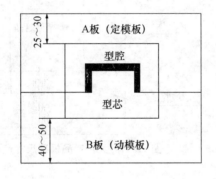

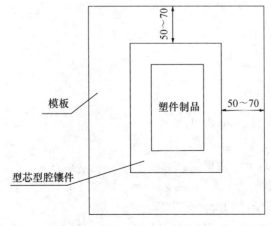

图 11-18　小件产品模板尺寸选取

② 三板模定模板的厚度为型腔镶件厚度加 30~40 mm，动模板的厚度为型芯镶件厚度加 50~60 mm。

③ 模板的厚度尽可能取 10 的倍数，以便选取标准模架。

④ 垫块（C 板）高度：垫块高度需要计算零件顶出行程才能得出，必须能保证顺利顶出制品。一般等于零件顶出行程加 10~15 mm 的预留间隙，不可以当推板顶到支撑板时才能顶出制品。因此制品较高时，应加高垫块。

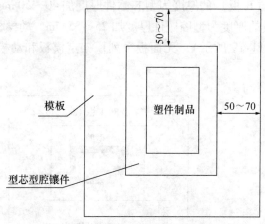

图 11-19　大件产品模架尺寸选取

3. 模架标记

模架应有下列标记。

（1）模架。

（2）基本代号。

（3）系列代号。

（4）定模板厚度 A，以 mm 为单位。

（5）动模板厚度 B，以 mm 为单位。

（6）垫块厚度 C，以 mm 为单位。

（7）拉杆导柱长度。

（8）标准代号，即 GB/T 12555—2006。

示例 1：模板宽 250 mm，长 300 mm，$A = 60$ mm，$B = 50$ mm，$C = 70$ mm 的直浇口 A 型模架标记如下：

模架 A2530 – 60 × 50 × 70　GB/T 12555—2006。

示例 2：模板宽 250 mm，长 250 mm，$A = 70$ mm，$B = 50$ mm，$C = 90$ mm，拉杆导柱长度 200 mm 的点浇口 B 型模架标记如下：

模架 DB2525 –70 × 50 × 90 –200　GB/T 12555—2006。

11.2　模具标准件设计

模具中常用的标准件主要包括顶杆、推板、推杆固定板、复位杆、弹簧、导柱导套、定位圈、浇口衬套、支撑柱、开闭器、定位块和螺栓等。

11.2.1　定位圈

模具中的定位圈又称为定位环，定位圈是用作定位的。模具安装在注射机上后，为了保证注射机上的喷嘴能与模具浇口衬套准确定位，需在模具上安装定位圈。常见的定位圈有以下几种方式。

1. 直孔形定位圈

图 11-20 所示为直孔形定位圈，定位圈有多种尺寸，如 60 mm、100 mm、120 mm 和 150 mm 等。

2. 斜孔形定位圈

图 11-21 所示为斜孔形定位圈，斜孔形定位圈在模具中广泛应用。

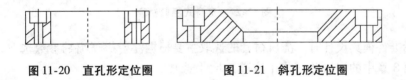

图 11-20　直孔形定位圈　　　　　图 11-21　斜孔形定位圈

3. 加长形定位圈

主流道长度最好小于 60 mm，因此当定模板厚度尺寸较大时，应考虑选用加长形定位圈，以减小浇口套的长度。图 11-22 所示即为加长形定位圈。

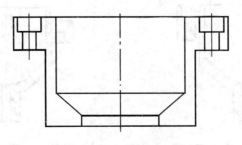

图 11-22　加长形定位圈

4. 两板模模具定位圈

图 11-23 所示为两板模（点浇口）模具定位圈，这种定位圈尺寸较大，其他结构与普通定位圈相似。

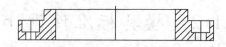

图 11-23　两板模模具定位圈

11.2.2　浇口衬套

浇口衬套是浇注系统中重要的组成部分，主流道常以浇口衬套的形式设计。浇口衬套有多种形式，可分为两板模和三板模系列浇口衬套。

如图 11-24 所示为普通直身式浇口衬套，直身式浇口衬套被广泛用于三板模系列模具中。

图 11-24　直身式浇口衬套

采用标准件模具设计时，浇口衬套的选取主要根据注射机喷嘴的参数选取，具体满足要求参考第 8 章中的浇口套（或主流道）尺寸要求。

图 11-25 所示是为适应加长注射机喷嘴而设计的浇口衬套，同时具有浇口衬套和定位圈的功能。

图 11-26 所示是两板模模具常用的浇口衬套。使主流道长度不至于太长，同时需要使用加长注射机喷嘴。

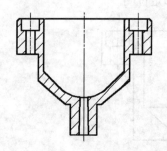
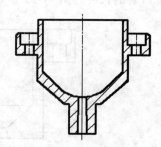

图 11-25　为适应加长注射机　　　　　　图 11-26　两板模浇口衬套
　　喷嘴而设计的浇口衬套

11.2.3　开闭器

开闭器又称尼龙锁扣或胶塞，开闭器主要用于三板模中，固定在定、动模板上。开模时为完成顺序分模，保证定、动模分型，从而使脱料板先分型，使浇注系统中的凝料脱出。常见的开闭器有两种，即无尼龙套开闭器和有尼龙套开闭器。

1. 无尼龙套开闭器

图 11-27 所示为无尼龙套开闭器，无尼龙套开闭器在模具中需要设计排气孔；图 11-28所示为无尼龙套开闭器套安装方式。

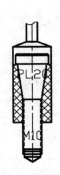

图 11-27　无尼龙套开闭器

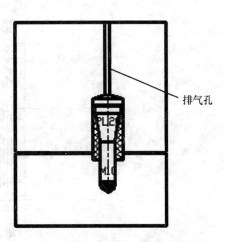

图 11-28　无尼龙套开闭器套安装方式

2. 有尼龙套开闭器

有尼龙套开闭器如图 11-29 所示，它无须设置排气孔，靠螺纹间隙排气。

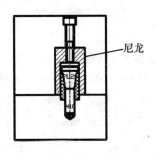

图 11-29　有尼龙套开闭器

3. 开闭器的设置

开闭器的设置主要依据模具的质量。模具质量在 100 kg 以下用 12 mm 开闭器 4 个，500 kg 以下用 16 mm 开闭器 4 个，1 000 kg 以下用 20 mm 开闭器 4 个；如果模具质量超过 1 000 kg，用 20 mm 开闭器 6 个以上。

与开闭器胶钉配合的定模内孔应进行抛光处理，端部应加排气装置，开口处应有圆角并抛光防止刮伤胶钉。

11.2.4　拉杆

拉杆、拉板常用于三板模中，用于控制模具第一次分型的距离，也就是定模板与脱料板之间的距离，图 11-30 所示为拉杆安装在三板模模具中的示意图，尺寸 L 为第一次分型的开模距离，为了确保浇注系统凝料能顺利脱落，L 值必须大于浇口凝料的高度。一般 L 值大于浇口凝料的高度加 30 mm。

拉杆直径一般最小为 8 mm，常用的有 8 mm、10 mm、12 mm、14 mm、16 mm 等。

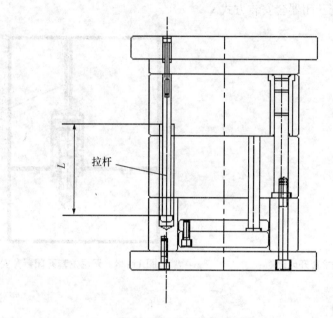

图 11-30　拉杆安装示意图

11.2.5　推杆板导向

当模具中有小于 2 mm 的细长推杆或扁推杆，或模架大于 3535 时，需在模具中添加推杆板导向。导向主要包括导柱和导套，推杆板导柱的直径与复位杆（回针）直径相同。推杆板导柱如图 11-31 所示。当浇口衬套偏离模具中心 25 mm 以上时，必须加推杆板导向。导套应采用铜质。导柱伸入动模板或者支撑板的距离为 10 mm 为宜。

11.2.6　支撑柱

支撑柱的作用是防止模具在注塑过程中受到压力而变形。支撑柱装配在推板（顶针板）和推杆固定板之间。支撑柱应比垫块（方铁）高 $0.050 \sim 0.1$ mm，如图 11-32 所示。

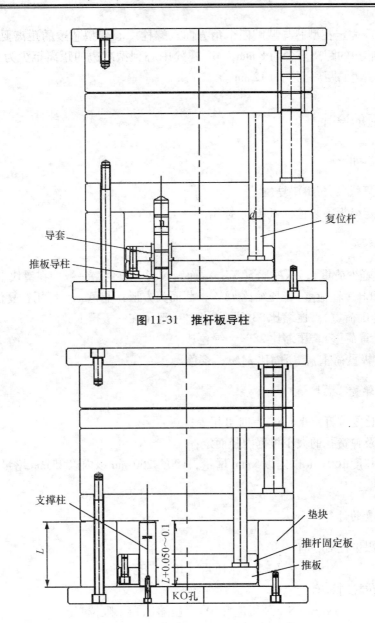

图 11-31　推杆板导柱

图 11-32　支撑柱

　　支撑柱与推杆、推杆孔（俗称 KO 孔或顶棍孔）之间的距离最小为 3～4 mm，如图 11-32 所示。支撑柱直径尽量取大些，要求必须布置在制品的正投影面积下方。

　　支撑柱不能与推杆、推杆孔有干涉，模具在试模后可能有增加几个推杆的可能，因此放置支撑柱时应注意，在可能添加推杆的位置不要设置支撑柱。

11.2.7　固定动定模螺栓的选取

　　（1）螺栓的公称直径依据型芯和型腔的尺寸确定，小型芯（120 mm 以下）一般用 M6 或 M8，中型芯（尺寸规格在 120～200 mm）用 M10 螺栓，大型芯（尺寸大于 200 mm）用 M12 螺栓。

（2）螺栓应固定在型芯与型腔四个角方向。螺栓中心到型芯边的距离要取整数。M6螺栓中心到型芯边的距离至少为 8 mm，M8 螺栓中心到型芯边的距离至少为 10 mm，M10螺栓中心到型芯边的距离至少为 12 mm。

11.2.8　弹簧的设计

1. 弹簧的作用

（1）辅助复位杆（RP）复位。
（2）避免定模板与复位杆（RP）撞击。

2. 弹簧的种类

（1）TF（轻少荷重），压缩比 58%，截面为圆形，黄色，一般用在滑块上；
（2）TL/TLR（轻荷重），压缩比 48%，截面为方形，蓝色，一般用在复位杆上；
（3）TM（中荷重），压缩比 38%，红色，一般用在三板模上；
（4）TH（重荷重），压缩比 28%，绿色；
（5）TB（极重荷重），压缩比 24%，茶色。

3. 弹簧及弹簧孔的取值

（1）内径比复位杆大 1 mm，有时可相等；
（2）外径及弹簧孔的大小根据内径而定；
（3）弹簧长度 100 mm 以内以 5 mm 增量，100～200 mm 以内以 25 mm 增量，200 mm 以上以 50 mm 增量。

4. 弹簧高度的计算

（1）没有限位柱时，有

$$L = S + 预压量（10）/压缩比$$

（2）有限位柱时，有

$$L = [S + 预压量（10）/压缩比] + 限位高度$$

式中　S——顶出行程；
　　　L——弹簧长度。
弹簧标记方法如下：
TL30 × 15 × 50——TL 轻荷重，外径 30 mm，内径 15 mm，自由高度 50 mm。

11.2.9　模具定位

模具除成型零件（型芯型腔）需定位外，整个模具也需定位，以提高模具精度。模具的定位通常在模板与模板之间进行。

1. T 形管位块

T 形管位块常用于三板模的动模板与定模板之间，作用是将定模板拉开一定的距离。

图 11-33 所示为 T 形管位块，在模具中装配的形式如图 11-34 所示。

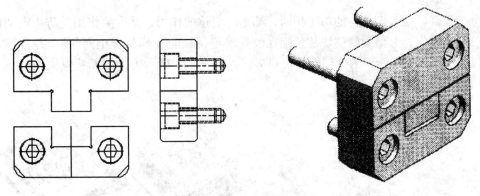

图 11-33　T 形管位块

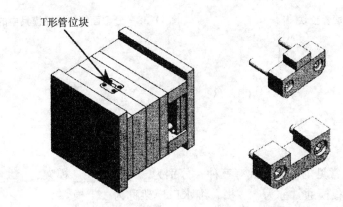

图 11-34　T 形管位块在模具中的装配形式

2. 定位柱

定位柱固定的形式是采用两个螺钉分别锁定，常用于中小型精密的模具，常装配于模具的动模板与定模板间，图 11-35 所示为定位柱 3D 图，图 11-36 所示为定位柱分别装配在模具的动模侧与定模侧中的形式。

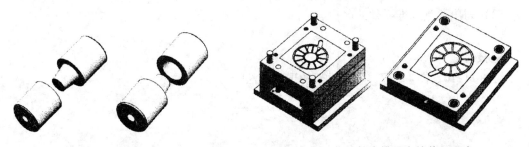

图 11-35　定位柱　　　　　　　　　图 11-36　定位柱在模具中的装配形式

3. 分型面管位块

分型面管位块与定位柱的功能相同，都是起定位的作用，其主要作用是防止定动模配合时分型面错位。分型面管位块常装配在模具动定模板间（模具分型面间），并常用于中大型模具。图 11-37 所示为分型面管位块形状，图 11-38 所示为分型面管位块在模具中的装配形式。

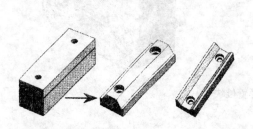

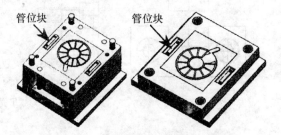

图 11-37　分型面管位块　　　　　　图 11-38　分型面管位块在模具中的装配形式

11.3　习　题

1. 填空题

（1）模具行业常见的模架形式有三种，分别为_____模架、_____模架和_____模架。三板模通常称为____模，细水口模架称为____模。

（2）两板模与一般的三板模相类似，唯一不同的是两板模中多了一块_____和四根_____。

（3）在两板模基础上，将定模座板和动模座板的尺寸设置成与型腔固定板或型芯固定板的长宽尺寸相同，便形成了两板模_____模架。

2. 简答题

（1）比较两板模主要特性与三板模主要特性。

（2）列出模具标准零件的名称。

3. 技能题

绘图 11-16、图 11-17，掌握模架的选取方法。

第12章 注射模具温度控制系统设计

温度调节（模具的温度调节指的是对模具进行冷却或加热）既关系到塑件的质量（塑件尺寸精度、塑件的力学性能和塑件的表面质量），又关系到生产效率。因此，必须根据要求使模具温度控制在一个合理的范围内，以得到高品质塑件和高生产率。

热塑性塑料在注射成型过程中，根据不同的塑料品种，模温要求不同。对于熔融黏度低的塑料较低，流动性好的塑料，需要进行模具人工冷却，对于结晶型塑料，结晶时放出大量结晶热，应对模具充分冷却，缩短成型周期，提高生产效率。对于熔融黏度高、流动性差的塑料，要求较高的模具温度，否则会影响塑料的充填型腔或产生熔接痕。因此，当塑料材料要求模具温度在80℃以上时，需要对模具进行加热。

12.1 冷却系统的设计

12.1.1 冷却系统的设计要点

（1）冷却水道孔应尽量多，冷却水道的间距也要小一些，水孔与水孔之间相距取4～5D（D为水路直径）；图12-1（a）所示水道多，冷却均匀，图12-1（b）则效果差些。

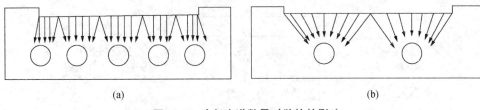

(a)   (b)

图 12-1　冷却水道数量对散热的影响

（2）冷却水道与成型面各处距离应尽量相等，且水道的排列与成型面形状相符如图12-2所示。当塑件壁厚均匀时，冷却水道与型腔表面的距离应相等；当壁厚不均匀时，厚壁处，冷却水道与型腔表面距离要近些，一般保持在1.5～2D（D为水路直径，如图12-3所示）。

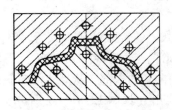

图 12-2　冷却水道排列形状

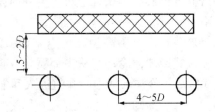

图 12-3　冷却水道布置尺寸

（3）冷却水道直径可取6～15 mm，常取8～12 mm，太小不易加工，太大对冷却效果有不良的影响。

（4）冷却水应首先通过浇口部位并沿熔融料流方向流动，即从高模温区流向低模温区。

（5）冷却水道位置应避开塑件易出现熔接痕的部位，以免该部位形成低温区，产生熔接痕。

（6）冷却水道的出入口温差应尽量小，一般精度塑料要小于5℃，精密塑料要小于2℃。

（7）水孔接头应设在不影响操作一侧，通常设在注射机操作位置的对面，冷却水接头四周30 mm以内应无干涉。

（8）冷却水道通过多个模板或模具镶块时，要加密封圈，防止泄漏。密封圈应放在模框上，且高出模框0.6 mm。

（9）冷却水道与其他孔的距离应大于4 mm。

12.1.2　冷却系统的结构形式

1. 型芯的冷却设计

（1）低型芯冷却设计。对于较低型芯的冷却，可用单层冷却回路开设在型芯下部，如图12-4（a）所示。

（2）稍高型芯冷却设计。对于稍高的型芯可在型芯内部开设有一定高度的冷却水沟槽，构成冷却回路，如图12-4（b）所示；也可以采用图12-4（c）所示的结构在型芯上钻水道。

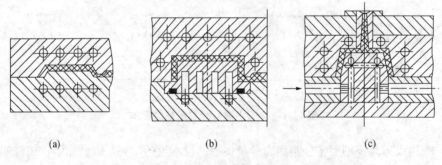

（a）　　　　　　　　　　（b）　　　　　　　　　　（c）

图12-4　型芯的冷却设计

（3）中等高度型芯冷却设计。对于中等高度的型芯，可采用图12-5所示的斜交叉管道构成的回路。

（4）高型芯冷却。对于高型芯可以采用喷流式、螺旋式和隔板式等冷却方式，如图12-6所示为喷流式冷却，冷却水从中部喷向型芯顶部，分流从中心管的四周流回。图12-7所示为螺旋式冷却，冷却水从中间孔道进入到中间镶套的上部，从周边的螺旋槽回流；图12-8是隔板式冷却，冷却水从中间进入，从两侧流出（如图12-8（a）所示），或者从一侧进入，从另一侧流出（如图12-8（b）所示）。

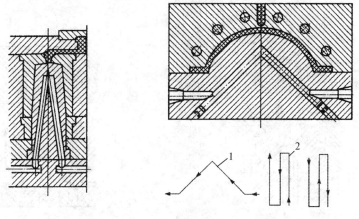

图 12-5　中等高度型芯的斜交叉冷却水路

1—动模冷却水路　2—定模冷却水路

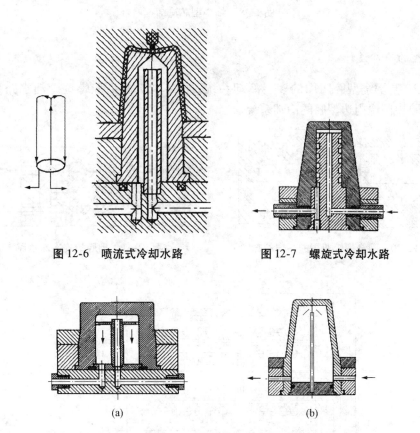

图 12-6　喷流式冷却水路　　　　　　图 12-7　螺旋式冷却水路

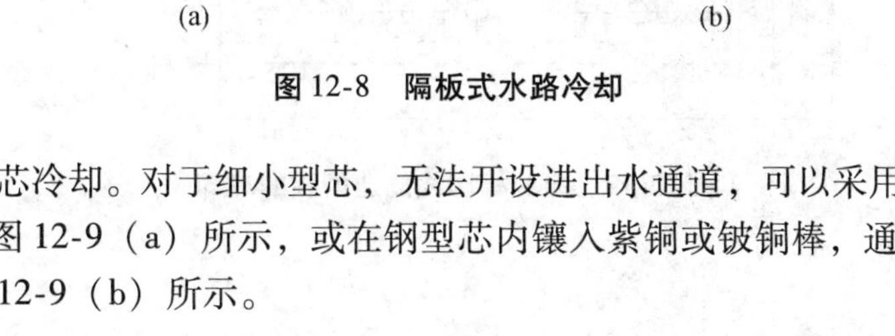

（a）　　　　　　　　　　　　　（b）

图 12-8　隔板式水路冷却

（5）细小型芯冷却。对于细小型芯，无法开设进出水通道，可以采用导热性极佳的铍铜合金做型芯如图 12-9（a）所示，或在钢型芯内镶入紫铜或铍铜棒，通过一端的冷却水传出热量，如图 12-9（b）所示。

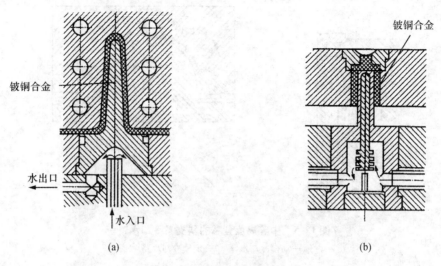

(a)   (b)

图 12-9　细小型芯冷却

2. 型腔的冷却设计

图 12-10 是围绕型腔四周的多层冷却系统；图 12-11 是型腔螺旋冷却水路系统；图 12-12是多腔模围绕周边型腔的冷却系统。

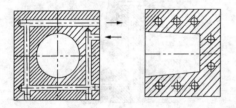

图 12-10　围绕型腔四周的多层冷却

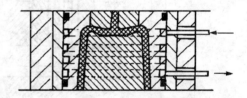

图 12-11　型腔螺旋冷却水路

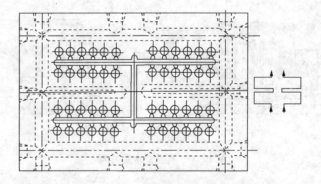

图 12-12　多腔模围绕周边型腔的冷却

12.2　冷却系统元件

组成冷却系统的零件一般由喉塞、密封圈和接头等组成，如图 12-13 所示。

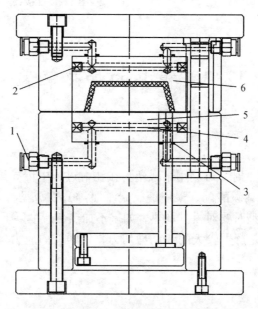

图 12-13　冷却系统示意图

1—接头　2—喉塞　3—密封圈　4—水道　5—型芯（公模）　6—型腔（母模）

1. 喉塞

喉塞常用的材料是铜与铝，通常用于水道的末端，作用是堵漏，因为水道加工时只能从型芯型腔侧边向内加工，而使用时只使用孔的中段，两头需要堵住，防止漏水，如图 12-13 所示。有时加喉塞是控制水流方向。

2. 密封圈

密封圈常用橡胶材料制成，用来防止零件与零件的水道过渡位置漏水（如图 12-13 注释 3 所示）。密封圈非使用状态为圆环，使用状态为受压，如图 12-14 所示。

3. 接头

接头的形式有多种，如图 12-15 所示，其作用是与外界水管快速连接。

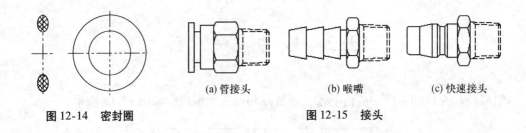

图 12-14　密封圈　　　　　　　　　　(a) 管接头　　　(b) 喉嘴　　　(c) 快速接头

图 12-15　接头

12.3　模具的加热装置

1. 模具加热的必要性

模温要求在80℃以下时，可利用熔融塑料在注射过程中传导给模具的热量使其升温。对流动性较差的塑料（聚碳酸酯、聚甲醛、聚苯醚等）的成型，要求模具有较高（80℃以上）的温度。塑料成型时要对模具加热，如果不加热会产生以下后果：一是会降低熔料流动性，难于成型；二是产生较大的流动剪切力，使塑件内应力增大；三是出现熔接痕、银线或缺料等缺陷。

2. 加热装置的设计

（1）加热方法

模具的加热方法主要是电加热方法，还可在冷却水管中通入热水、热油、蒸汽等介质进行预热。电加热又可分为电阻丝加热、加热棒加热、电感应加热，如图 12-16 所示。

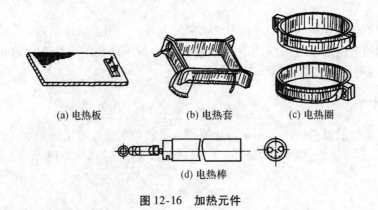

(a) 电热板　　　　(b) 电热套　　　(c) 电热圈

(d) 电热棒

图 12-16　加热元件

（2）电加热装置的功率计算

① 计算法为

$$P = \frac{mC_p \ (\theta_2 - \theta_1)}{3\,600\eta t} \tag{12-1}$$

式中　p——加热模具所需的总功率（kW）；

m ——模具的质量（kg）；

C_p——模具材料的比热容（kJ/kg）；

θ_1 ——模具的初始温度；

θ_2 ——模具要求加热后的温度（℃）；

η ——加热原件的效率，约为 0.3～0.5；

t ——加热时间（h）。

② 经验法为

$$P = \eta G \tag{12-2}$$

式中　G——模具质量；

η——单位质量模具加热至成型温度所需要的电功率（W/kg）。

电热圈加热的小型模具（40 kg 以下）：$\eta = 40$ W/kg；电热圈加热的大型模具：$\eta = 60$ W/kg；电热棒加热的小型模具：$\eta = 35$ W/kg；电热棒加热的中型模具（40～100 kg）：$\eta = 30$ W/kg；电热棒加热的大型模具：$\eta = 20～25$ W/kg；

3. 模具加热应注意的问题（选择和安装加热元件时应注意）

（1）若无计算出来的电功率电热无件，可选稍大于计算功率的电热元件，可采用降低电压和缩短加热时间的方法进行调节。

（2）电热元件应布置均匀，以利模具均衡加热。

（3）注意绝缘措施，防止漏电、漏水等现象。

（4）注意在滑动部位预留出热膨胀间隙。

12.4　习　　题

1. 简答题

（1）模具冷却系统的必要性有哪些？

（2）冷却系统的设计要点有哪些？

（3）简述常用型腔冷却和型芯冷却的结构有哪些？

（4）模具加热的必要性有哪些？

（5）模具加热的方法有哪些？

2. 技能题

按照冷却系统设计要点设计冷却系统，如图 12-13 所示。

第 13 章　注射模具侧向分型与抽芯机构设计

侧向分型与抽芯是将活动型芯抽出和复位的机构。某些塑料制件（如图 13-1 所示），由于使用上的要求，不可避免地存在着与开模方向不一致的分型，除极少数情况可以进行强制脱模外，一般都需要进行侧向分型与抽芯，才能取出制件。典型斜导柱侧向抽芯模具结构如图 13-1 所示。

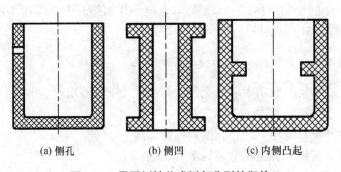

(a) 侧孔　　　　　(b) 侧凹　　　　　(c) 内侧凸起

图 13-1　需要侧抽芯或侧向分型的塑件

13.1　侧向分型与抽芯机构的种类

侧向分型与抽芯机构按动力源分为手动、液压、气动和机动。

1. 手动侧向分型与抽芯机构

手动侧向分型与抽芯机构是在推出制件前或脱模后用手工方法或手工工具将活动型芯或侧向成型镶块取出的方法。这种结构简单，但是劳动强度大，生产效率低，仅适用于小型制件的小批量生产，不能实现自动化。

图 13-2 所示开模前手动抽芯。图 13-2（a）所示结构最简单，推出制件前，用扳手旋出活动型芯；图 13-2（b）所示活动型芯非圆形，侧抽芯不能随螺栓旋转，抽芯时活动型芯只能作水平移动。

图 13-3 为脱模后手工取出型芯或镶块。取出的型芯或镶块再重新装回到模具中时，应注意活动型芯或镶块必须可靠定位。

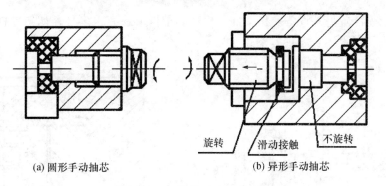

(a) 圆形手动抽芯　　　　　　(b) 异形手动抽芯

图 13-2　开模前手动抽芯机构

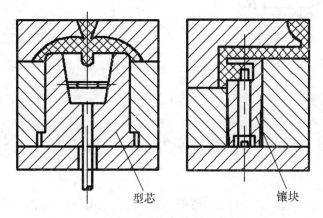

图 13-3　脱模后取出型芯或镶块

2. 液压或气动侧向分型与抽芯机构

侧向分型的活动型芯可依靠液压传动或气压传动的机构抽出。与机动抽芯的区别，其抽芯动作可不受开模时间和推出时间的影响。

图 13-4 所示液压侧抽芯，传动平稳，且可得到较大的抽拔力和较长的抽芯距离，但受模具结构和体积的限制，液压缸的尺寸往往不能太大。

液压抽芯机构工作原理是：带有锁紧装置，侧向活动型芯设在动模一侧。合模时，侧向活动型芯由定模上的楔紧块定位锁紧，承受胀模力；开模时，先开模，锁紧块离去，再由液压抽芯系统抽出侧向活动型芯，然后再推出制件，推出机构复位后，侧向活动型芯再复位。

气动抽芯机构的结构与液压抽芯机构应是一样的，只是气缸换成液压缸。但图 13-5 所示的结构中没有锁紧装置，这在侧孔为通孔或者活动型芯仅承受很小的侧向压力时是允许的。

3. 机动侧向分型与抽芯机构

机动侧向分型与抽芯是利用注射机的开模力，通过传动机构改变运动方向，将侧向的活型芯抽出，如图 11-1 所示。

机动抽芯机构的结构较复杂，抽拔力较大，灵活、方便、生产效率高、容易实现全自动操作，但无须添置另外设备。机动抽芯机构的结构形式有很多种，如斜导柱、弯销、斜导柱、斜滑块、楔紧块、齿轮齿条、弹簧等。

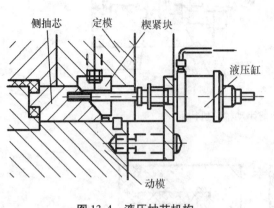

图 13-4 液压抽芯机构

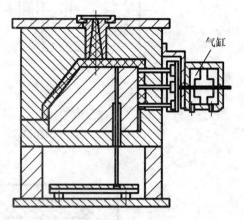

图 13-5 气动抽芯机构

13.2 斜导柱侧向分型与抽芯机构

斜导柱侧向分型与抽芯机构的结构如图 13-6 所示，主要由侧型芯 1、滑块 9、销钉 2、斜导柱 3、楔紧块 5、限位块 8、弹簧 7、螺杆 6 组成，也可参考图 11-1。

13.2.1 斜导柱侧向分型与抽芯机构的工作原理

斜导柱侧向分型与抽芯机构原理如图 13-6 所示，斜导柱 3 固定在定模板 4 上，侧型芯 1 由销钉 2 固定在滑块 9 上，开模时，开模力通过斜导柱迫使滑块在动模板 10 的导滑槽内向左移动，完成抽芯动作。为了保证合模时斜导柱能准确地进入滑块的斜孔中，以便使滑块复位，机构上设有定位装置，依靠螺杆 6 和弹簧 7 使滑块退出后紧靠在限位块 8 上定位。此外，成型时侧型芯将受到成型压力的作用，从而使滑块受到侧向力，故机构上还设有楔紧块 5，以保持滑块的成型位置。塑件靠推管 11 推出型腔。

斜导柱的作用只是提供力，使滑块侧向移动，不起到定位滑块和侧抽芯的作用；楔紧块，起到合模后滑块和型芯定位和锁紧的作用，防止胀模；限位块是滑块侧向抽芯后，与斜导柱分离的时刻滑块所在的位置，保证合模时，斜导柱顺利插入滑块；弹簧、螺杆的作用是加力于滑块，使滑块贴近定位块，保证斜导柱与滑块脱离时，滑块的位置不受其他因素的影响而移动。

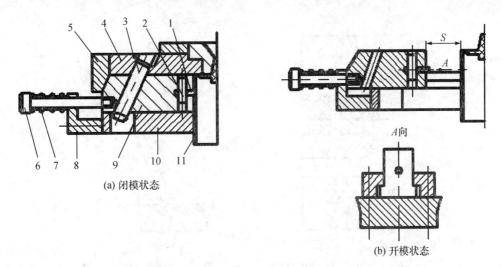

(a) 闭模状态

A向

(b) 开模状态

图 13-6　斜导柱侧向分型与抽芯机构

1—侧型芯　2—销钉　3—斜导柱　4—定模板　5—楔紧块　6—螺杆

7—紧弹簧　8—限位块　9—滑块　10—动模板　11—推管

13.2.2　斜导柱侧向分型与抽芯机构主要参数的确定

1. 抽芯距

抽芯距是侧型芯移动的距离，要保证不妨碍塑件脱模，用 S 表示。抽芯距应大于侧孔或侧凹深度 S_0 加上 $2\sim3\,\mathrm{mm}$，即

$$S = S_0 + （2\sim3）\,\mathrm{mm} \tag{13-1}$$

结构特殊时，如圆形线圈骨架（如图 13-7 所示），抽芯距离应为

$$S = S_1 + （2\sim3）\,\mathrm{mm} = \sqrt{R^2 + r^2} + (2\sim3)\mathrm{mm} \tag{13-2}$$

式中　R——线圈骨架凸缘半径（mm）；

　　　r——滑块内径（mm）；

　　　S_1——抽拔的极限尺寸（mm）。

2. 斜导柱的倾角

斜导柱的倾角 α（如图 13-8 所示），α 是决定斜导柱侧向分型与抽芯机构工作效果的一个重要参数，不仅决定开模行程和斜导柱长度，而且对斜导柱的受力状况有重要的影响。倾角 α 增大，为完成抽芯所需的开模行程及斜导柱有效工作长度均可减小，有利于减小模具的尺寸。倾角 α 增大时，斜导柱所受的弯曲力 F 和开模阻力 F_k 均增大，斜导柱受力情况变差。

确定斜导柱倾角的大小时，应从抽芯距、开模行程、斜导柱受力几个方面综合考虑。一般取 $\alpha = 15°\sim20°$，不宜超过 25°。

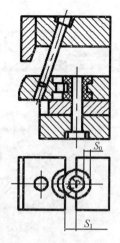

图 13-7　抽芯距的确定

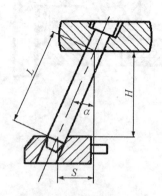

图 13-8　开模行程

3. 斜导柱的直径

根据受力分析斜导柱直径计算公式为（参考图 13-9）

$$d = \sqrt[3]{\frac{FL}{0.1\,[\sigma]_{\text{w}}}} \tag{13-3}$$

也可表示为

$$d = \sqrt[3]{\frac{F_{\text{c}}L}{0.1\,[\sigma]_{\text{w}}\cos\alpha}} \tag{13-4}$$

式中　　$[\sigma]_{\text{w}}$——斜导柱材料的弯曲许用应力；

　　　　F_{c}——抽芯阻力，按式（10-1）计算；

　　　　L——斜导柱的弯曲力臂；

　　　　α——斜导柱倾斜角；

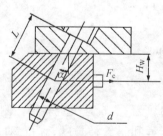

图 13-9　斜导柱的直径计算公式中参数示意

求斜导柱直径的另一种方法是采用查表法，可以查《塑料模具设计手册》来确定。

4. 斜导柱的长度

确定了斜导柱倾角 α 和直径 d 之后，可按图 13-10 几何关系计算斜导柱的长度 $L_{\text{总}}$。

$$L_{\text{总}} = L_1 + L_2 + L_3 + L_4 + L_5 = \frac{D}{2}\tan\alpha + \frac{t}{\cos\alpha} + \frac{d}{2}\tan\alpha + \frac{S}{\sin\alpha} + (10\sim15)\,\text{mm} \tag{13-5}$$

式中　L_5 ——锥体部分长度（mm），一般取 $10\sim15$ mm；

　　　D ——固定轴肩直径（mm）；

　　　α ——斜导柱倾斜角；

　　　t ——斜导柱固定板厚度（mm）。

斜导柱长度在 AutoCaD 设计时（如图 13-10 所示），在各板厚度，导柱倾斜角和滑块厚度确定后，可以通过尺寸标注直接获得，不需要计算。

斜导柱形状多为圆柱形，为减小其与滑块的摩擦，可将其圆柱面铣扁，如图 13-11 所示。端部成半球状或锥形，锥体角度要大于斜导柱的倾角，以避免斜导柱有效工作长度部分脱离滑块斜孔之后，锥体仍有驱动作用。

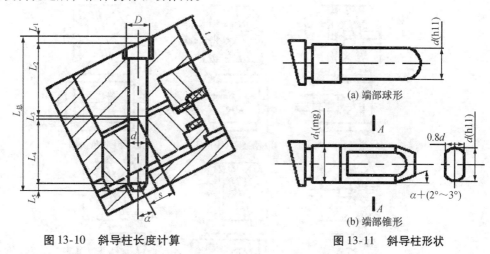

图 13-10　斜导柱长度计算　　　　图 13-11　斜导柱形状

5. 斜导柱的设计要点

斜导柱材料可选用 45 钢、T10A、T8A 及 20 钢渗碳淬火，热处理硬度在 55HRC 以上，表面粗糙度 R_a 不大于 0.8 μm。斜导柱与其固定板采用 H7/m6 或 H7/n6 过渡配合，与滑块斜孔采用较松的间隙配合，如 H11/d11，或留有 $0.5\sim1$ mm 间隙，以使滑块运动滞后于开模动作，使滑块与楔紧块之间获得松动，然后再驱动滑块抽芯，避免滑块与楔紧块发生干涉。

13.2.3　滑块设计

1. 滑块设计

滑块是斜导柱侧向分型与抽芯机构中的重要零部件，上装有侧型芯或成型镶块，在斜导柱驱动下，实现侧抽芯或侧向分型。

滑块结构分为整体式和组合式。对于整体式，型芯与滑块是整体，适合用于形状简单的侧抽芯；对于组合式滑块与侧型芯组合在一起的，便于加工、维修和更换，并能节省优质钢材，被广泛采用。

组合滑块的连接方式，如图 13-12 所示。对于尺寸较小的型芯，往往将型芯嵌入滑块部分，用中心销（如图 13-12（a）所示或骑缝销（如图 13-12（b）所示）固定，也可用螺钉顶紧的形式如图 13-12（d）所示：大尺寸型芯可用燕尾连接（如图 13-12（c）所示），薄片状型芯可嵌入通槽再用销固定（如图 13-12（e）所示），多个小型芯采用压板固定（如图 13-12（f）所示）。

滑块的材料可以选 45 钢或 T8、T10，硬度在 40HRC 以上，型芯的材料可以选 CrWMn、T8、T10，硬度在 50HRC 以上。

2. 滑块的导滑槽

滑块与导滑槽的配合形式如图 13-13 所示。导滑槽应使滑块运动平衡可靠，二者之间上下、左右各有一对平面配合，配合取 H7/f7，其余各面留有间隙。

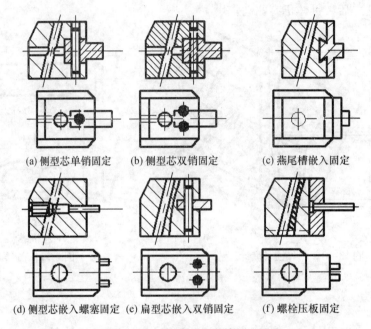

(a) 侧型芯单销固定　　(b) 侧型芯双销固定　　(c) 燕尾槽嵌入固定

(d) 侧型芯嵌入螺塞固定　(e) 扁型芯嵌入双销固定　　(f) 螺栓压板固定

图 13-12　侧型芯与滑块的连接

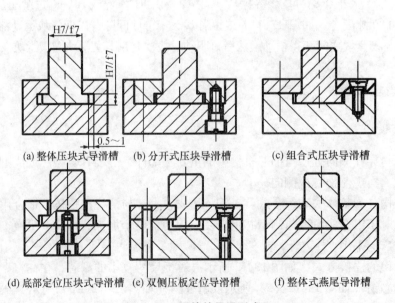

(a) 整体压块式导滑槽　　(b) 分开式压块导滑槽　　(c) 组合式压块导滑槽

(d) 底部定位压块式导滑槽　(e) 双侧压板定位导滑槽　　(f) 整体式燕尾导滑槽

图 13-13　滑块的导滑形式

滑块的导滑部分应有足够的长度，保证运动中不产生歪斜，一般导滑部分长度应大于滑块宽度的 2/3，否则滑块在复位时容易发生倾斜。滑块材料可选用 T8、T10，硬度在 50HRC 以上。

3. 滑块定位

滑块与斜导柱分离后，滑块必须停留在一定的位置上，否则合模时斜导柱将不能顺利地进入滑块，因此必须设置滑块定位装置。

滑块定位装置形式（如图 13-14 所示）。如图 13-14（a），向上抽芯时，利用滑块自重靠在限位块上；其他方向抽芯则可利用弹簧使滑块停靠在限位块上定位（如图 13-14（b）所示），弹簧力应为滑块自重的 1.5～2 倍；图 13-14（c）为弹簧销定位；图 13-14（d）为弹簧钢球定位；图 13-14（e）为埋在导滑槽内的弹簧和挡板与滑块的沟槽配合定位。

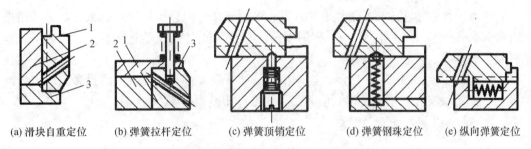

　　(a) 滑块自重定位　　(b) 弹簧拉杆定位　　(c) 弹簧顶销定位　　(d) 弹簧钢珠定位　　(e) 纵向弹簧定位

图 13-14　滑块定位装置

1—滑块　2—导滑槽板　3—限位块

4. 楔紧块

楔紧块的作用是模具闭合后锁紧滑块，承受成型时塑料熔体对滑块的胀模力，防止斜抽芯或滑块胀模。

楔角的 α' 大小，大于斜导柱的倾斜角 α，取 $\alpha' = \alpha + (2° \sim 3°)$。开模时，使楔紧块迅速让开，以免阻碍斜导柱驱动滑块抽芯。楔角的示意参考图 13-15。

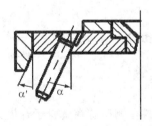

图 13-15　楔角的示意图

楔紧块结构形式如图 13-16 所示。图 13-16（a）是整体式，结构牢固可靠，可承受较大的侧向胀模力，但浪费材料；图 13-16（b）是采用螺钉与销钉固定，结构简单，使用较广泛；图 13-16（c）是 T 形槽固定楔紧块，销钉定位；图 13-16（d）是楔紧块整体嵌入板的连接形式；图 13-16（e）、(f) 采用了两个楔紧块，起增强作用，适用于侧向力较大的场合。

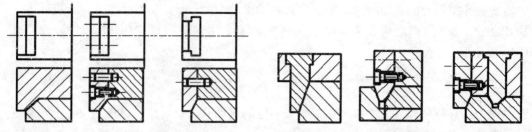

(a)整体式　(b)螺栓销钉紧固式　(c)T形槽嵌入销钉定位　(d)台肩嵌入定位　(e)下方双锁紧式　(f)上方双锁紧式楔紧块

图 13-16　楔紧块的结构形式

13.2.4　复位机构

对于斜导柱安装在定模、滑块安装在动模的斜导柱侧向分型与抽芯机构，如果采用推杆（推管）推出机构，并依靠复位杆使推杆复位的模具，必须注意避免在复位时侧型芯与推杆发生干涉。

干涉的产生，如图 13-17 所示，当侧型芯与推杆在垂直于开模方向的投影出现重合部位 S' 时，而滑块又先于推杆复位，使侧型芯与推杆相撞而损坏。

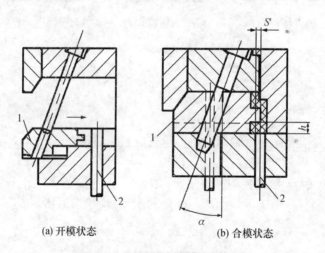

(a) 开模状态　　　　(b) 合模状态

图 13-17　侧型芯与推杆干涉现象
1—侧型芯滑块　2—推杆

避免产生干涉的措施如下。

（1）应尽量避免将推杆布置在侧型芯在垂直于开模方向的投影范围内。

（2）使推杆的推出位置到达不了侧型芯最低面。

（3）采用推杆先复位机构，即优先使推杆复位，然后才使侧型芯复位。

推杆先行复位机构有弹簧式、楔形滑块复位机构、摆杆复位机构。

1. 弹簧式

如图 10-2 所示，在推杆固定板与动模板之间设置压缩弹簧，开模推出塑件时，弹簧被压缩，推出塑件后，注射机推顶装置与推板脱离接触，在弹簧的作用下推杆迅速复位。

弹簧式推出机构结构简单，但可靠性较差，一般适用于复位力不大的场合。

2. 楔形滑块复位机构

如图 13-18 所示，楔形杆 1 固定在定模上，合模时，在斜导柱驱动滑块动作之前，楔形杆推动滑块 2 运动，滑块 2 又带动推板 3 后退，带动推杆 4 复位。

3. 摆杆复位机构

如图 13-19 所示，与楔形滑块复位机构基本原理相似，区别在于，摆杆复位机构由摆杆 3 代替了楔形滑块。合模时，楔形杆推动摆杆 3 转动，使推板 4 向下并带动推杆 5 先于侧型芯复位。

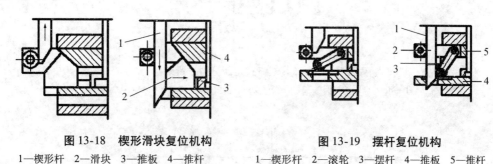

图 13-18　楔形滑块复位机构　　　　　　图 13-19　摆杆复位机构

1—楔形杆　2—滑块　3—推板　4—推杆　　　1—楔形杆　2—滚轮　3—摆杆　4—推板　5—推杆

13.2.5　定距分型拉紧装置

有些模具由于塑件结构特点，滑块需要设计在定模一侧。为了使塑件留在动模上，在动定模分型之前，应先将侧型芯抽出。因此，需在定模部分设置一个分型面，使斜导柱驱动滑块抽出型芯。设置的分型面脱开的距离要大于斜导柱能使活动型芯全部抽出塑件的长度，侧型芯抽出后，动定模再分型，塑件留在动模，然后推出制件。定距分型拉紧装置就是为了实现上述顺序分型动作的装置。

1. 弹簧螺钉式定距分型拉紧装置

图 13-20 是弹簧螺钉式定距分型拉紧装置，模内装有弹簧 5 和定距螺钉 6。开模时，在弹簧 5 的作用下，首先从 I 处分型，滑块 1 在斜导柱 2 驱动下抽芯，当抽芯动作完成后，定距螺钉 6 使型腔板 4 不再随动模移动。动模继续移动，动定模从 II 处分型。

2. 摆钩式定距分型拉紧装置

图 13-21 是摆钩式定距分型拉紧装置，此装置由摆钩 6、弹簧 7、压块 8、挡块 9 和定距螺钉 5 组成。开模时，摆钩钩住挡块 9，使型腔型芯锁紧不能分模，使模具首先从 I 处分型，侧型芯在斜导柱的作用下进行侧抽芯。抽芯结束后，压块 8 的斜面与摆钩 6 相碰，使摆钩 6 转动，型腔型芯解锁，定距螺钉 5 使型腔板 11 不再随动模移动。继续开模，动模由 II 处分型。

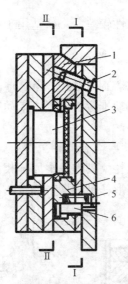

图 13-20 弹簧螺钉式定距分型拉紧装置

1—滑块 2—斜导柱 3—凸模 4—型腔板 5—弹簧 6—定距螺钉

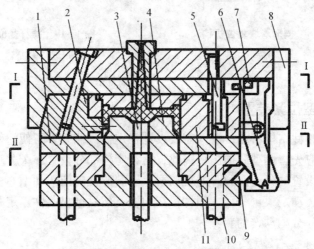

图 13-21 摆钩式定距分型拉紧装置

1—推出板 2—侧向型芯滑块 3—推杆 4—型芯 5—定距螺钉
6—摆钩 7—弹簧 8—压块 9—挡块 10—推杆 11—型腔板

3. 导柱式定距分型拉紧装置

图 13-22 是导柱式定距分型拉紧装置，开模时，由于弹簧力的作用，止动销 4 压在导柱 3 的凹槽内，使型腔固定板和型芯固定板锁紧，不能分模，使模具先从 I 处分型。当斜导柱 5 完成抽芯动作后，与限位螺钉 11 挡住导柱拉杆 9 使型腔固定板 10 停止运动。当继续开模时，开模力将大于止动销 4 对导柱槽的压力，止动销退出导柱槽，模具便从 II 处分型。这种机构的结构简单，但拉紧力不大。

根据塑件结构特点，还有另外两种安装形式。

如图 13-23 所示，斜导柱与滑块均安装在动模一侧。开模时，推出机构中的推杆 1 推动推板 2，使瓣合式型腔滑块 4 沿斜导柱 5 侧向分型。

如图 13-24 所示，斜导柱固定在动模而滑块安装在定模上。开模时，先从 I 面分型进行侧抽芯，当间隙 a 消失，便从 II 面分型，塑件包紧在型芯 6 上，再依靠推板推出。

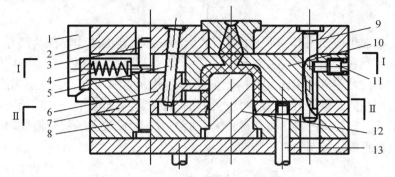

图 13-22　导柱式定距分型拉紧装置

1—楔紧块　2—定模板　3—导柱　4—止动销　5—斜导柱　6—滑块　7—推板
8—型芯固定板　9—导柱拉杆　10—型腔固定板　11—限位螺钉　12—型芯　13—推杆

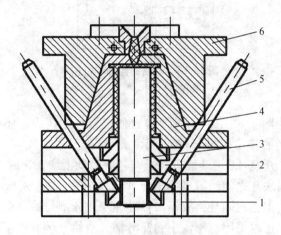

图 13-23　斜导柱与滑块同在动模一侧

1—推杆　2—推板　3—型芯　4—瓣合式型腔滑块　5—斜导柱　6—定模

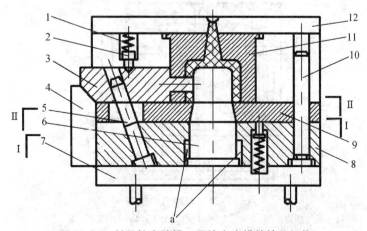

图 13-24　斜导柱在动模、滑块在定模的抽芯机构

1—弹簧　2—销钉　3—滑块　4—楔紧块　5—斜导柱　6—型芯　7—支撑板
8—导柱固定板　9—推板　10—导柱　11—型腔　12—定模板

13.3 弯销侧向抽芯机构

弯销侧向抽芯机构如图 13-25 所示。弯销侧向抽芯机构的工作原理与斜导柱侧向抽芯机构相同，其差别在于用弯销代替斜导柱，弯销截面形状常为矩形。

与斜导柱侧向抽芯机构相比，弯销侧向抽芯机构抗弯强度较高，可采用较大的倾斜角，在开模距离相同的条件下，可获得较大的抽芯距。更有特点的是，弯销还可由不同的斜角的几段组成。以较小的斜角段获得较大的抽芯力，而以较大的斜角段获得较大的抽芯距，从而可以根据需要控制抽芯力和抽芯距。

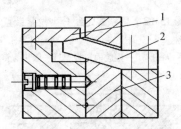

图 13-25 弯销侧向抽芯机构
1—支撑块 2—弯销 3—滑块

弯销常装在模板外侧（如图 13-25 所示），使模板尺寸较小，还可装在模具内侧，还可以利用弯销进行内侧抽芯（如图 13-26 所示）。

如图 13-26 所示，开模时先从 I 面分型，弯销 2 带动滑块 3 完成内侧抽芯。

设计时，弯销和滑块孔之间间隙通常取 0.5 mm 左右，以免闭模时发生碰撞。缺点是滑块斜孔为矩形截面，加工较困难，故不如斜导柱侧向分型与抽芯机构应用普遍。为避免滑块上弯销孔的加工，可以采用在弯销中间开滑槽，滑块上装有销子，如图 13-27 所示的斜导槽抽芯模具，开模时，滑块 4 在斜导槽 2 作用下实现侧向抽芯。

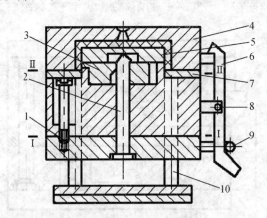

图 13-26 弯销内侧抽芯
1—限位螺钉 2—弯销 3—侧向型芯滑块 4—凹模 5—组合凸模
6—摆钩 7—推出板 8—摆钩转轴 9—滚轮 10—推杆

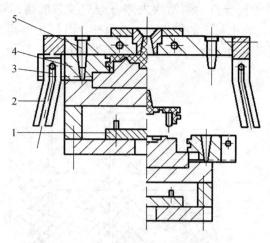

图 13-27　斜导槽抽芯模具
1—推板　2—斜导槽　3—销　4—滑块　5—止动销

13.4　斜滑块侧向分型与抽芯机构

塑件侧孔或侧凹较浅、所需抽芯距不大但成型面积较大，如周转箱、线圈骨架、螺纹等，需要用斜滑块侧向分型与抽芯机构成型。

13.4.1　结构形式

斜滑块侧向分型与抽芯机构有两种形式，即滑块导滑和斜滑杆导滑。

1. 滑块导滑的斜滑块侧向分型与抽芯机构

如图 13-28 所示，模具采用了斜滑块外侧分型机构。工作过程如下：开模时，推杆 7 推动斜滑块 1 沿模套 6 上的导滑槽上的方向移动，同时斜滑块 1 向两侧分开；开模后，塑件同时脱离型芯和型腔。导滑槽的方向与斜滑块的斜面平行，限位螺钉 5 用以防止斜滑块从模套中脱出。

图 13-29 所示是成型带有直槽内螺纹塑件的斜滑块内侧分型与抽芯机构的模具。开模后，推杆固定板 l 推动推杆 5 并使滑块 3 沿型芯 2 的导滑槽移动，实现塑件的推出和内侧分型与抽芯。

2. 斜滑杆导滑的斜滑块侧向分型与抽芯机构

图 13-30 所示是利用斜滑杆带动斜滑块 1 沿模套 2 的锥面方向运动来完成分型抽芯动作。斜滑杆 3 是在推板 5 的驱动下工作的，滚轮 4 在推板上滚动，合模时，复位杆和斜滑杆 3 与定模板接触并带动复位。

图 13-31 是利用斜滑杆导滑的斜滑块内侧分型与抽芯机构，斜滑杆头部即为成型滑块，凸模 1 上开有斜孔，在推板 5 的作用下，斜滑杆 3 沿斜孔运动，使塑件一面抽芯，一面推出。滚轮在滑座槽里滚动。合模时，复位机构带动推板，推板 5 带动滑座 4，滑座带动斜滑杆 3 复位。

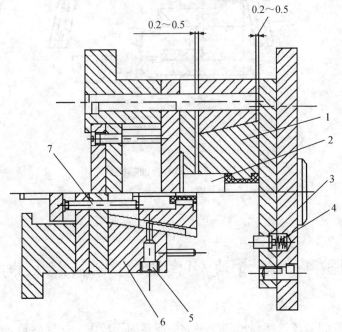

图 13-28　斜滑块侧向分型与抽芯机构

1—斜滑块　2—型芯　3—止动钉　4—弹簧　5—限位螺钉　6—模套　7—推杆

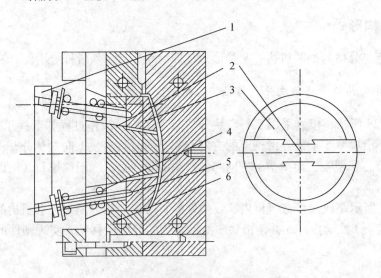

图 13-29　斜滑块内侧分型与抽芯机构

1—推杆固定板　2—型芯　3—滑块　4—弹簧　5—推杆　6—动模板

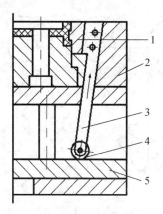

图 13-30　斜滑杆导滑的外侧分型与抽芯机构
1—斜滑块　2—模套　3—斜滑杆　4—滚轮　5—推板

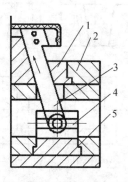

图 13-31　斜滑杆导滑的内侧分型与抽芯机构
1—凸模　2—模套　3—斜滑杆　4—滑座　5—推板

13.4.2　设计要点

1. 斜滑块的导滑和组合形式

斜滑块组合形式如图 13-32 所示，设计时应根据塑件外形、分型与抽芯方向合理组合。组合形式要满足外观质量要求，避免塑件有明显的拼合痕迹；使组合部分有足够的强度；同时考虑结构简单、方便制造、工作可靠。

斜滑块导滑形式如图 13-33 所示，矩形和半圆形导滑制造简单，故广泛应用；而燕尾形加工较困难，但结构紧凑，可根据具体情况加工选用。斜滑块凸耳与导滑槽配合采用 H9/f9 间隙配合。

2. 斜滑块的几何参数

斜滑块的导向斜角一般不超过 26°～30°；斜滑块的推出高度不宜过大，一般不宜超过导滑槽长度的 2/3。为防止斜滑块在开模时被带出模套，应设有限位螺钉（如图 13-28 注释 5 所示）。

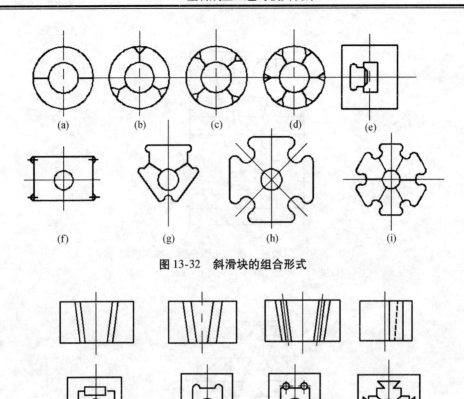

图 13-32　斜滑块的组合形式

(a) 矩形　　　　　(b) 半圆形　　　　　(c) 半圆形　　　　　(d) 燕尾形

图 13-33　斜滑块的导滑形式

　　为保证注射时不发生溢料，减少飞边，底部与模套间要留有 0.2～0.5 mm 间隙（如图 13-28 所示）；斜滑块顶部高出模套 0.2～0.5 mm，以保证斜滑块保持拼合紧密。内侧抽芯时，斜滑块的端面不应高于型芯端面，在零件允许的情况下，低于型芯端面 0.05～0.10 mm，如图 13-34 所示。否则塑件将阻碍斜滑块的向内移动。

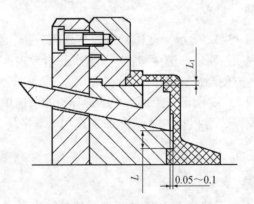

0.05～0.1

图 13-34　内斜滑块端面结构

3. 滑块的止动

由于塑件的结构等因素，有时塑件对定模部分的包紧力大于动模部分。开模时，使塑件留在了动模，可能出现塑件牵引斜滑块而导致斜滑块张开，导致塑件损坏或滞留在定模，如图 13-35（a）所示。为了强制塑件留在动模侧，需设有止动装置，使斜滑块相对于动模不动。

滑块止动的工作原理是：如图 13-35（b）所示，开模时，止动销 5 在弹簧作用下压紧斜滑块的端面，使斜滑块随动模运动，相对模套静止，当塑件从定模脱出后，再由推杆 1 使斜滑块侧向分型并推出塑件。如图 13-36 所示，在每个斜滑块上各设计加工出小孔，与固定在定模上的止动销 2 呈间隙配合，开模时，在止动销的约束下斜滑块无法向侧向运动，起到了止动作用。当塑件脱离定模后，止动销 2 才允许脱离斜滑块的销孔，斜滑块才在推出机构作用下侧向分型并推出塑件。

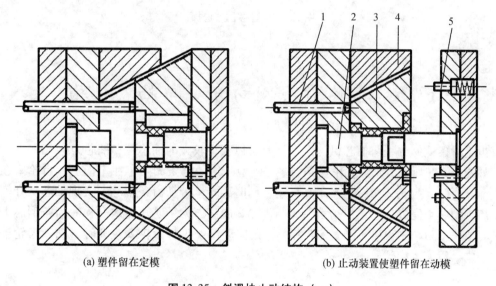

(a) 塑件留在定模　　　　　　　　　　(b) 止动装置使塑件留在动模

图 13-35　斜滑块止动结构（一）

1—推杆　2—动模型芯　3—斜滑块（瓣合式凹模镶块）　4—模套　5—止动销

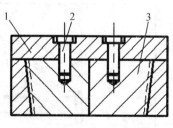

图 13-36　斜滑块止动结构（二）

1—定模　2—止动销　3—斜滑块

4. 型芯位置的确定

如图 13-37（a）所示，型芯位置设在动模一侧，塑件在脱模过程中，型芯起了导向作用，塑件不会黏附在斜滑块上而偏于某一侧。图 13-37（b）所示，型芯位置设在定模一侧，为了使塑件留在动模，开模时在止动销作用下，型芯先从塑件抽出，然后斜滑块在推杆作用下分型，塑件很容易黏附在附着力较大的某一侧滑块上，影响塑件顺利推出。设计时应合理选择塑件位置，使型芯尽可能位于动模一侧。

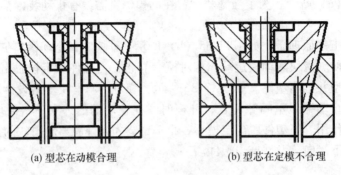

(a) 型芯在动模合理　　　　　　　　　　　(b) 型芯在定模不合理

图 13-37　型芯位置选择

13.5　齿轮齿条侧向分型与抽芯机构

　　齿轮齿条侧向分型与抽芯机构的特点是可以获得较大的抽芯距和抽芯力。

　　如图 13-38 所示，塑件孔由齿条型芯 1 成型，传动齿条 3 固定在定模上，齿轮 2 在动模上，开模时，齿轮 2 相对于齿条 3 移动，同时旋转，带动齿条型芯 1 实现抽芯。开模一定距离，型芯 1 完成抽芯，传动齿条 3 与齿轮 2 脱离。为了防止再次合模时齿条型芯 1 不能恢复原位，机构中设置了弹簧定位销 4，在传动齿条 3 与齿轮 2 脱离时，插入齿轮轴的定位槽中，以实现定位。

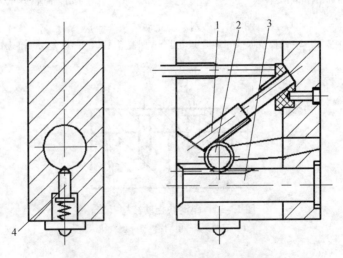

图 13-38　齿轮齿条侧向分型与抽芯机构

1—型芯　2—齿轮　3—齿条　4—弹簧定位销

13.6　习　　题

1. 填空题

（1）侧向分型与抽芯机构按动力源分为_____、_____、_____和_____。

（2）机动侧向分型与抽芯机构，形式有很多种，如_____、_____、_____、_____、_____、_____、_____等。

（3）确定斜导柱倾角的大小时，应从抽芯距、开模行程、斜导柱受力几个方面综合考虑。一般取_____，不宜超过_____。

（4）斜导柱材料可选用 45 钢、_____、____及____渗碳淬火，热处理硬度在____以上，表面粗糙度 R_a 不大于____μm。斜导柱与其固定板采用____或_____过渡配合，与滑块斜孔采用较松的间隙配合，如____，或留有_____间隙，以使滑块运动滞后于开模动作，使滑块与楔紧块之间获得松动，然后再驱动滑块抽芯，避免滑块与楔紧块发生____。

（5）滑块的导滑部分应有足够的长度，保证运动中不产生歪斜，一般导滑部分长度应大于滑块宽度的_____，否则滑块在复位时容易发生倾斜。滑块材料可选用 T8、T10，硬度在_____以上。

（6）楔紧块的楔角的 α' 应大于斜导柱的倾斜角 α，取 $\alpha' =$ _____。开模时，使楔紧块迅速让开，以免阻碍_____抽芯。

2. 简答题

（1）液压或气动侧向分型与抽芯机构的特点有哪些？

（2）斜导柱侧向抽芯机构的结构包括哪些零件？各自作用是什么？

（3）斜导柱的设计要点有哪些？

（4）滑块定位的几种形式有哪些？

（5）避免干涉的方法有哪些？

（6）定距分型拉紧装置的作用有哪些？

3. 概念题

干涉。

4. 读图题

读图 13-6、13-29、13-31，说出各图工作原理。

第 14 章　热流道模具

14.1　概　　述

1. 热流道模具的发展状况

热流道模具作为一项先进的注塑成型技术，欧美国家在 20 世纪 40 年代就得以应用。在国外发展比较快，大多塑胶模具厂所生产的模具 50% 以上采用了热流道技术，部分模具厂甚至达到 80% 以上，而在我国，这一技术最近几年才真正地得以推广和应用，但总体不足 10%。

2. 热流道的原理

热流道又称无流道，是指注射完毕后流道中的熔融塑料不凝固，可以通过两种途径使流道中的熔融塑料不凝固。

（1）浇注系统中不设置流道，熔融塑料直接由注射机喷嘴经粗而短的进料口到达浇口，然后注入模具型腔。这种方法靠塑料本身的热量使进料口中的塑料保持熔融状态。

（2）浇注系统中设置流道，只不过流道比普通的流道大，或者采用喷嘴式流道，而且还采用内部或外部加热的方法来保温，使流道的塑料始终保持熔融状态。

如图 14-1（a）所示，一模四腔普通冷流道，凝固后有浇注系统凝料；图 14-1（b）主流道是单个喷嘴热流道，凝固后没有主流道凝料；图 14-1（c）是两个热喷嘴 + 分流板，凝固后浇注系统凝料又少了分流道的一部分；图 14-1（d）是四个热喷嘴 + 分流板，热流道直接到浇口，凝固后完全没有浇注系统凝料。

3. 优点

（1）没有全部或大部分浇注系统凝料，物料的有效利用率高，没有或减少了切除凝料及清理浇口的工序，易实现自动化高速注射成型，大大节省了人力、原料。

（2）浇注系统内塑料始终处于熔融状态，流道顺畅，流道内压力损耗小，塑料流动性好，温度均匀，产品的内应力小，变形减小，产品表面质量和力学性能大大提高，常见的缩水、填充不足、熔接痕、颜色不均、飞边、翘曲现象减少。

（3）压力损失小，有利于压力传递，可实现多点浇口；多腔模具及大型塑件的低压注射，降低注塑压力，有利于保护模具，延长使用寿命。

（4）缩短了成型周期，提高了生产效率。

（5）多模腔模具可保证填充均匀，质量一致。

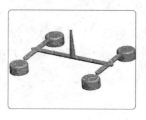

(a)冷流道

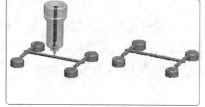

(b)单个热喷嘴

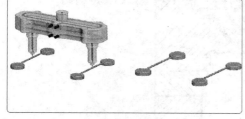

(c)两个热喷嘴+分流板　　　　　　　　(d)四个热喷嘴+分流板

图 14-1　热流道示意图

4. 缺点

（1）结构较复杂，模具造价成本较高。

（2）要求严格控制温度，否则易使塑料热降解或烧焦。

（3）不适于小批量生产。

（4）需要专业人士进行维护。

5. 塑料对热流道模具的适应性

（1）要求塑料熔融温度范围较宽，黏度在熔融温度范围内变化小（低温下有较好的流动性、高温下有良好的热稳定性）。

（2）要求塑料对压力敏感，无压力塑料不流动，施加很低的注射压力熔融塑料即可流动。

（3）热变形温度较高，塑件在较高温度下即可凝固，以便快速顶出，缩短成型周期。

（4）比热小，导热性好，既易熔融又易冷凝。

适应热流道模具的材质有聚丙烯、聚乙烯、聚苯乙烯等，另有一些塑料通过模具结构上的改进也可用热流道模具成型，如 ABS、聚氯乙烯、聚碳酸酯、聚甲醛等。

14.2　热流道模具的结构形式

1. 绝热式热流道注射模具

特点：主流道和分流道做得很粗大，在注射时贴近流道壁的熔料因散热而冷凝，形成绝热层，起降低散热速度的作用，而流道内部的塑料一直保持熔融状态，从而使熔融塑料顺利流入型腔。

　　井式喷嘴的绝热式流道注射模是最简单的热流道模具，适用于单型腔模，是在注射机喷嘴和模具浇口之间设置一个主流道杯，杯内设置了容纳熔融塑料的"井坑"，如图 14-2所示。移动式井式喷嘴如图 14-3 所示。

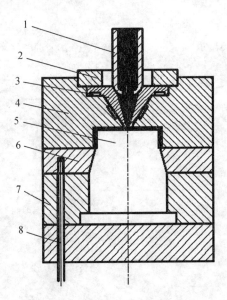

图 14-2　井式喷嘴

1—注射机喷嘴　2—定位环　3—主流道板　4—型腔板
5—型芯　6—推件板　7—动模板　8—推杆

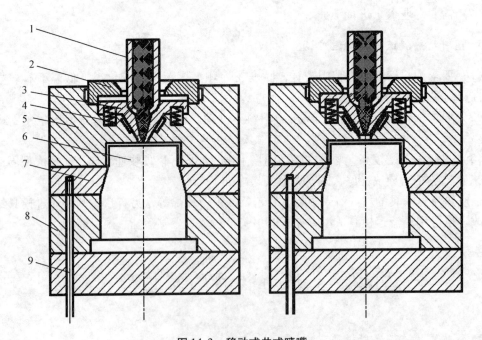

图 14-3　移动式井式喷嘴

1—注射机喷嘴　2—定位环　3—主流道板　4—弹簧
5—型腔板　6—型芯　7—推件板　8—动模板　9—推杆

2. 加热式热流道注射模

（1）延长式喷嘴

　　在井式喷嘴的基础上改进而成，克服了井式喷嘴井坑中的塑料易冷凝、浇口易堵塞的缺点，方法是将井坑去掉，将注射机的喷嘴延长，直接与模具的浇口处接触。为避免喷嘴前端因接触低温模具散热较快而降温堵塞，在延伸式喷嘴外部安装加热器，同时在喷嘴前端采取有效的绝热措施，如图 14-4、图 14-5 所示。

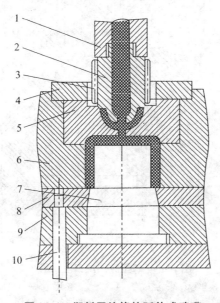

图 14-4　塑料层绝缘热延伸式喷嘴

1—注射机筒　2—延伸式喷嘴　3—电热环　4—定位环　5—浇口套
6—型腔板　7—型芯　8—推件板　9—动模板　10—推杆

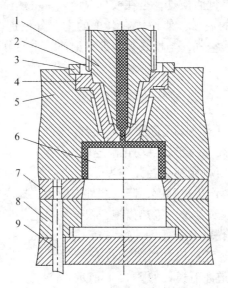

图 14-5　空气绝热延伸式喷嘴

1—延伸式喷嘴　2—加热环　3—定位环　4—浇口套
5—型腔板　6—型芯　7—推件板　8—动模板　9—推杆

（2）热浇口

在模具浇口处设置电热元件，使熔料在浇口处始终保持有利于成型的熔融状态，如图14-6 所示。

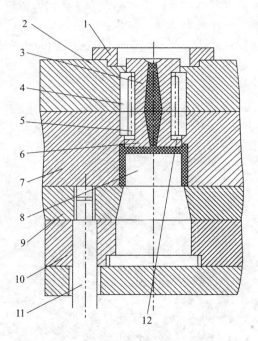

图 14-6　单型腔热浇口注射模
1—定位环　2—定模座板　3—浇口套　4—空气绝热层　5—电热环　6—浇口衬套
7—型腔板　8—型芯　9—推件板　10—动模板　11—推杆　12—绝热层

（3）多腔热流道

多腔热流道主要用于多型腔模具，是在模具内设置一块热流道板，板内设置管式加热器，使热流道板保持稳定的温度，使设置在其上的主、分流道内的熔料始终保持熔融状态，热流道板用绝热材料或空气，与模具其他部分绝热。主、分流道截面为圆形，直径为10～18 mm。

多腔热流道的优点如下。

① 应用广泛，可应用于大多数塑料。

② 不用三板式结构就可实现多型腔点浇口注射。

③ 成型周期短，效率高，易实现自动化高速成型。

④ 分流道和浇口内的熔料始终保持熔融状态，注射压力传递好，所以成型温度和注射压力可降低，能防止塑料产生热降解，降低塑件内应力，提高塑件质量。

为防止浇口冷凝，必须对其采取绝热措施，根据浇口绝热形式的不同，热流道可分为半绝热式、全绝热式和复合式。

① 半绝热式喷嘴热流道注射模具如图14-7 所示。

② 全绝热式喷嘴热流道注射模具如图14-8 所示。

③ 复合式热流道注射模具如图14-9 所示。

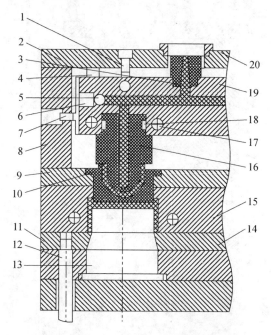

图 14-7 半绝热式喷嘴热流道注射模

1—定位螺钉 2—定模座板 3—浇口套 4—绝热垫 5—密封球 6—丝堵 7—定位螺钉
8—支撑板 9—浇口板 10—浇口衬套 11—动模板 12—推板 13—型芯 14—推件板
15—型腔板 16—喷嘴 17—加热孔道 18—胀圈 19—热流道板 20—定位环

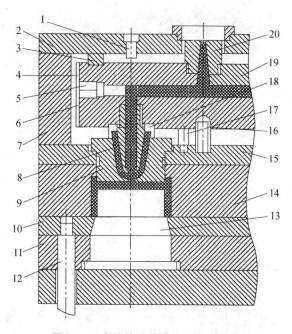

图 14-8 全绝热式喷嘴热流道注射模

1—定位螺钉 2—定模座板 3—绝热垫 4—绝热垫 5—丝堵 6—密封球 7—支撑板
8—喷嘴 9—浇口衬套 10—推件板 11—动模板 12—推杆 13—型芯 14—型芯板
15—浇口板 16—定位环 17—支撑柱 18—滑动压环 19—热流道板 20—浇口套

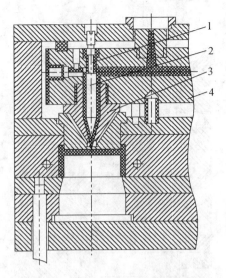

图 14-9 内加热的复合热流道注射模

1—内加热器 2—加热探针 3—喷嘴 4—热流道板

3. 阀式浇口的热流道多型腔模具

对熔融黏度很低的塑料的多型腔注射模具，为防止产生流涎现象，需要采用阀式浇口，如图 14-10、图 14-11 所示。阀式浇口的热流道特点如下。

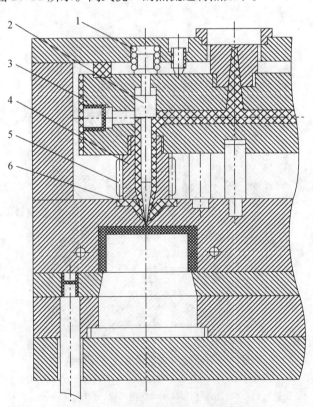

图 14-10 弹簧阀式浇口多型腔模

1—弹簧 2—针阀 3—热流道板 4—喷嘴 5—电热环 6—绝热垫

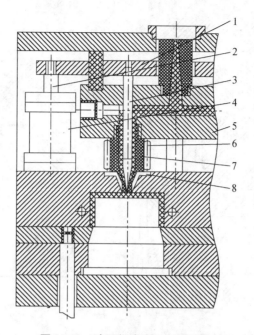

图 14-11　液压阀式浇口多型腔模

1—探针座板　2—活塞杆　3—针阀　4—液压缸
5—热流道板　6—绝热垫　7—喷嘴　8—绝热垫

（1）熔料黏度偏低时，避免流涎，熔料黏度偏高时，避免拉丝。

（2）针阀的往复移动可有效减少浇口凝固的机会。

（3）可准确控制补缩时间和缩短充模时间。

（4）可在高压下提前快速封闭浇口，降低了塑件内应力，减少了变形，提高了塑件尺寸稳定性。

热流道板的热胀补偿，对于两个或两个以上型腔的热流道模具，一般都采用热流道板的浇注系统形式，热流道板的温度高于型腔板，其热膨胀量大于型腔板的热膨胀量，可引起浇口间的错位或使模板变形，故设计时必须考虑。具体解决方法如下。

（1）喷嘴与热流道板采用间隙配合，其间隙应大于热流道板的热胀量。

（2）型腔和型芯固定板以斜面配合并留出径向移动间隙，图 14-12（a）所示。

（3）预先将浇口套与制品浇口中心偏置，偏置量为成型的热膨胀量差，图 14-12（b）所示。

热流道的应用范围与塑料品种有关，此外还有一个更重要的附加条件，即成型周期。井式喷嘴和绝热流道，只能用于成型周期很短（30s 以下）的情况；板绝热流道因浇口局部加热，其成型周期可延长至 2min 以上；而加热式热流道可用于成型周期较长的情况。

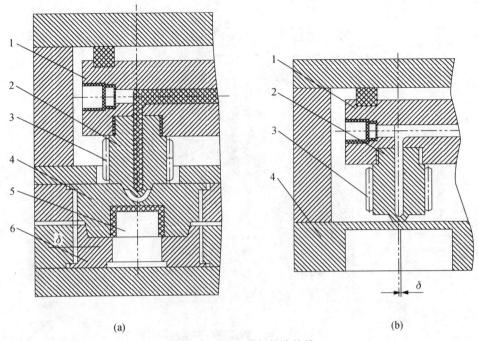

(a)　　　　　　　　　　　　　　(b)

图 14-12　热流道板热胀补偿

1—热流道板　2—喷嘴　3—电热环　4—型腔　5—型芯　6—型芯固定板

14.3　热流道系统的组成

热流道系统由四部分组成：热嘴、分流板、加热元件和温控器。

1. 热嘴

将从分流板进入的塑料再送进各个模腔，充分降低注射压力。由于客户不同的需求及针对不同塑料的不同特性，热嘴的规格型号有多种选择，也可以根据客户的要求定制加工。从加热方式上可分为内加热热嘴和外加热热嘴，从结构上分常用的有尖嘴、通嘴和针阀嘴。

（1）尖嘴。直接进浇在产品表面，浇口痕迹小，产品外观漂亮；适合用于小批量和全自动化生产。

（2）通嘴。浇口大小没有限制，可以直接进浇产品，也可以在流道上，压力损失小，应用范围广，模具加工简单。

（3）针阀嘴。在制品上不留下浇口残痕，能使用较大直径的浇口，可使型腔填充速度加快，并进一步降低注射压力，减小产品变形，可防止开模时出现拉丝现象及流涎现象，当注射机螺杆后退时，可有效地防止从模腔中反吸物料，能实现定时注射以减少制品熔接痕。

2. 分流板

分流板连接注射机喷嘴与热嘴，将塑料恒温的从主射嘴咀送到各个单独的热嘴。在熔体传送过程中，熔体的压力减小，并不允许材料降解。常用热流道板的形式有一字形，H 形，Y 形，X 字形和米字形，如图 14-13 所示；从加热方式上分外加热热流道板和内加热热流道板两大类。

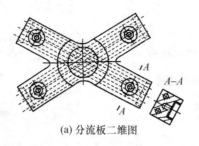

(a) 分流板二维图

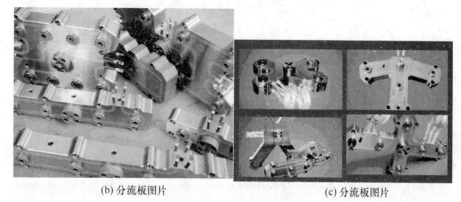

(b) 分流板图片　　　　　　　　　　　　(c) 分流板图片

图 14-13　X 形热流道板

3. 加热元件

加热元件是热流道系统的重要组成部分，其加热程度和使用寿命对于注塑工艺的控制和热流道系统的工作稳定影响非常大。加热元件一般有加热棒、加热圈、加热管等，如图 14-14 所示。

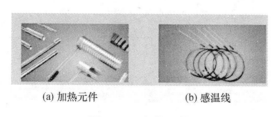

(a) 加热元件　　　　　　　　　(b) 感温线

图 14-14　加热元件

4. 温控器

温控器就是对热流道系统的各个位置进行温度控制的仪器，由底端向高端分别有通断位式、积分微分比例控制式和新型智能化温控器等种类，如图 14-15 所示。

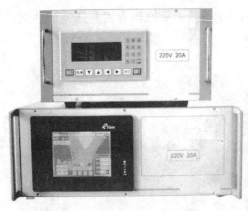

图 14-15　温控器

14.4　习　　题

简答题

(1) 热流道模具的优点和缺点各是什么?

(2) 绝热式热流道注射模具的原理是什么?

(3) 阀式浇口的热流道多型腔模具的特点是什么?

(4) 热流道系统的组成有哪些?

第15章 导向机构设计

导向机构的作用主要是定位和导向，保证动模和定模两大部分或模内其他零部件之间的准确对合，承受侧向偏移力，保证塑件精度。

结构形式有导柱导向和锥面、定位销、T形管位块等。设计的基本要求是导向精确、定位准确，并具有足够的强度、刚性和耐磨性。

图 15-1 是最常用的导柱导向机构。

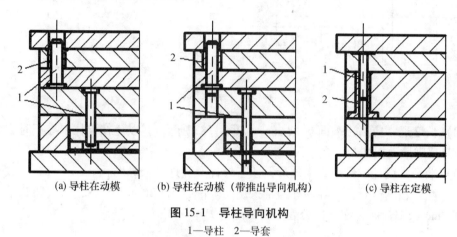

(a) 导柱在动模　　　　(b) 导柱在动模（带推出导向机构）　　　　(c) 导柱在定模

图 15-1　导柱导向机构

1—导柱　2—导套

15.1　导柱导向机构

导柱导向机构的工作原理是利用导柱和导套之间的配合来保证模具的配合精度。

1. 导柱

导柱结构类型如图 15-2 所示，A 型导柱适用于简单模具和小批量生产，一般不要求设置导套；B 型导柱适用于塑件精度要求高及生产批量大的模具，常与导套配用，导套磨损后可方便更换，保持导向精度。在加工时为保证装配配合精度，导套安装孔和导柱安装孔应设计同一尺寸更便于两孔同时加工而成，保证同轴度。

导柱的设计要点如下。

（1）导柱直径视模具大小而定，按经验其直径 d 和模板宽度 B 之比为 0.06：0.1，圆整后取标准值。且表面要耐磨，心部要坚韧，材料多半采用低碳钢（20）渗碳淬火，或用碳素工具钢（T8、T10）淬火处理，硬度为 50～55HRC。

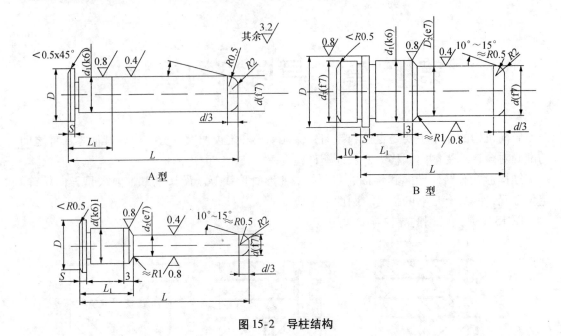

图 15-2　导柱结构

（2）长度通常应高出端面 6～8 mm（如图 15-3 所示），以免在导柱未导正时型芯先进入型腔与其碰撞而损坏。

（3）端部常设计成锥形或半球形，便于导柱顺利地进入导向孔。

（4）配合精度。导柱与导向孔通常采用间隙配合 H7/f6 或 H8/f8，与安装孔采用过渡配合 H7/m6 或 H7/k6，配合部分表面粗糙度为 $R_a = 0.8 \mu m$。

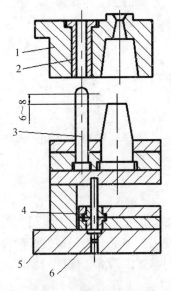

图 15-3　导柱的导向作用

1—定模　2—导套　3—导柱　4—双联导套　5—动模座板　6—导柱

2. 导向孔

导向孔可以直接在模板上开孔，结构简单，加工容易，适用于精度要求不高且小批量生产的模具。大多模具采用镶入导套的形式，保证导向精度和导套磨损后更换方便，结构如图 15-4 所示。图 15-4（a）所示为台阶式导套，主要用于精度要求较高的大型模具。

导向孔与导套的设计要点如下。

（1）导向孔最好为通孔，否则导柱进入未开通的导向孔（盲孔）时，孔内空气无法逸出。若受模具结构限制，导向孔必须做成盲孔时，则应在盲孔侧壁增设透气孔或透气槽，如图 15-4（c）所示。

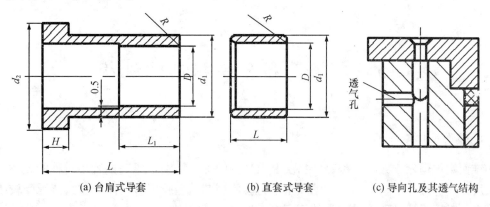

(a) 台肩式导套　　　　　(b) 直套式导套　　　　　(c) 导向孔及其透气结构

图 15-4　导套和导向孔的结构

（2）为使导柱顺利进入导套，导套前端应倒有圆角。通常导套采用淬火钢或铜等耐磨材料制造，但硬度应低于导柱硬度，以改善摩擦及防止导柱或导套拉毛。

（3）导套孔与导柱滑动部分按 H8/f8 间隙配合，导套外径按 H7/n6 过渡配合。

（4）台肩式导套采用轴肩防止开模时拔出导套，直导套采用螺钉起止动作用进行固定（如图 15-5 所示）。

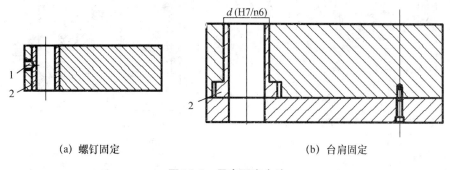

(a) 螺钉固定　　　　　　　　　　　　　(b) 台肩固定

图 15-5　导套固定方法

1—螺钉　2—导套

3. 导柱的数量和布置

导柱的数量一般取 2～4 根，布置形式根据模具的结构形式和尺寸来确定，如图 15-6 所示。图 15-6（a）适用于结构简单、精度要求不高的小型模具；图 15-6（b）、（c）为四根导柱对称布置的形式，其导向精度较高。为了避免动模定模安装方位错误，可将导柱直径设计不一致，如图 15-6（c）、（d），或将导柱直径设计相等，但其中一根位置错开 3～10 mm。

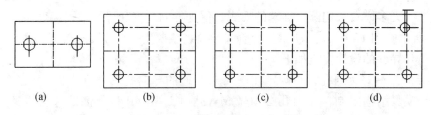

图 15-6　导柱的数量和布置

15.2　锥面和合模销定位机构

1. 锥面定位

锥面定位适用于大型、深腔和精度要求高的塑件，特别是薄壁偏置不对称的壳体。由于大尺寸塑件在注射时，不对称的成型压力会使型芯与型腔偏移，而导柱只能承受较小的侧向力，需用设置锥面承受一定的侧压力，提高模具的刚性。

图 15-7 是圆锥面定位机构的模具，常用于圆筒类塑件。其锥角为 $5° \sim 20°$，高度大于 15 mm，动定模圆锥面均需淬火处理。图 15-8 为斜面镶条定位机构，常用于矩形型腔的模具。用四条淬硬的斜面镶条，安装在模板上。这种结构加工简单，通过对镶条斜面调整可对塑件壁厚进行修正，磨损后镶条便于更换。

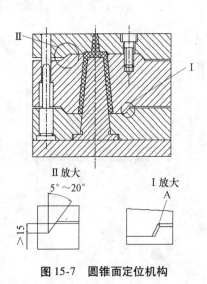

图 15-7　圆锥面定位机构

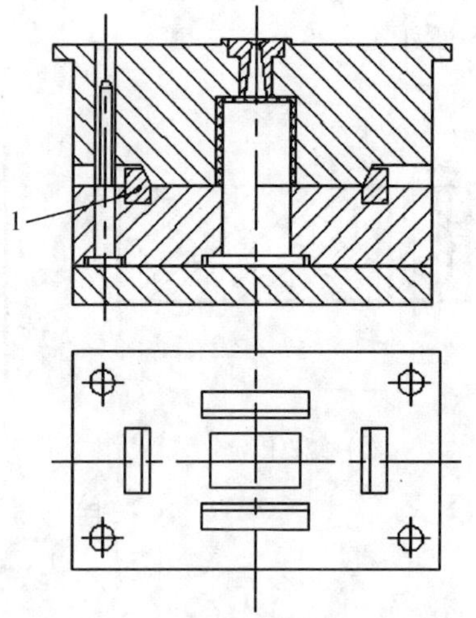

图 15-8　斜面镶条定位机构的注射模

1—斜面镶条

2. 合模销定位

在垂直分型面的模具中，为保证锥模套中的对拼凹模相对位置准确，常采用两个合模销定位。分型时，为防止合模销拔出，其固定端采用 H7/k6 过渡配合，另一滑动端采用 H9/f9 间隙配合，如图 15-9 所示。

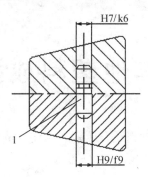

图 15-9　合模销定位示例

1—合模销

15.3　习　　题

1. 填空题

（1）圆锥面定位机构的模具，常用于圆筒类塑件。其锥角为＿＿＿＿，高度大于＿＿＿＿，动定模圆锥面均需＿＿＿＿处理。

（2）导套外径与导套安装孔按＿＿＿＿过渡配合。

（3）导柱与导向孔通常采用间隙配合 H7/f6 或 H8/f8，与安装孔采用过渡配合 H7/m6 或 H7/k6，配合部分表面粗糙度为＿＿＿＿μm。

（4）导柱直径视模具大小而定，按经验其直径 d 和模板宽度 B 之比 $d/B \approx$ ＿＿＿＿，圆整后取标准值。且表面要耐磨，芯部要坚韧，材料多半采用＿＿＿＿渗碳淬火，或用碳素工具钢（T8、T10）淬火处理，硬度为＿＿＿＿HRC。

（5）长度通常应高出端面＿＿＿＿mm（图 15-3），以免在导柱未导正时型芯先进入型腔与其碰撞而损坏。

（6）为使导柱顺利进入导套，导套前端应倒有＿＿＿＿。通常导套采用＿＿＿＿或＿＿＿＿等耐磨材料制造，但硬度应＿＿＿＿导柱硬度，以改善摩擦及防止导柱或导套拉毛。

2. 简答题

（1）导向机构的作用有哪些?

（2）导柱的设计要点有哪些?

（3）导套设计要点有哪些?

（4）定位块和定位柱的作用有哪些?

第16章 其他塑料成型方法简介

塑料成型方法除了注射成型外，还有压缩、压注、挤出等成型方法。

16.1 压缩成型工艺与原理

压缩模具主要用于热固性塑料的成型。压缩成型的特点是工艺成熟可靠，积累有丰富的经验，适宜成型大型的塑料件，而且塑件的收缩率小，变形小，各项性能指标较为均匀。因此，压缩成型在热固性塑料的加工中应用依然广泛并且占有主导地位。

16.1.1 压缩成型设备

压力机是热固性塑料压缩成型的主要设备，主要作用是为模具提供开启或闭合的动力以及成型时所需的压力。

压力机分为机械式和液压式两种。机械式压力机结构简单，但由于运动精准度不高，噪声大，容易磨损，只适用于一些小型设备；液压机能提供较大的压力和行程，工作压力可调，工作平稳，设备结构简单。因此，目前所使用的大多数为液压机。

16.1.2 压缩模与液压机的关系

液压机是压缩成型和压注成型的主要应用设备，设计压缩模具时，必须熟悉液压机的主要技术参数，如液压机总压力、锁模力、推出力以及模具安装部分的有关尺寸等。对液压机的有关参数进行校核。

1. 液压机最大压力的校核

当塑件的尺寸和模具型腔数目确定后，压制塑件所需的成型总压力（F_m）应小于或等于液压机的公称压力（F_j），即压缩成型过程中需要的总压力为。

$$F_m \leqslant kF_j \tag{16-1}$$

式中 F_j ——液压机的公称压力（N）；

       k ——修正系数，一般取 0.75～0.90，根据压机新旧程度而定；

       F_m——压缩成型时所需总压力（N）。

成型总压力 F_m 可按照下式计算。

$$F_m = pAn \tag{16-2}$$

式中 A ——每个型腔在分型面上的最大投影面积（㎡）（对于溢式和不溢式压缩模，等于塑料件最大轮廓的水平投影面积，对于半溢式压缩模，等于加料腔的水平投影面积）；

       n ——模内型腔个数（对于共用加料腔的多腔模 n 也等于1，此时 A 应采用加料腔的水平投影面积）；

p ——压制时单位面积的成型压力（Pa 或 N/㎡），其数值可根据表 16-1 选取。

表 16-1　成型压制时单位成型压力（MPa）

塑件的特征/mm	粉状酚醛塑料		布基填料的酚醛塑料	氨基塑料	酚醛石棉塑料
	不预热	预热			
扁平薄壁塑件	12.26~17.16	9.81~14.71	29.42~39.23	12.26~17.16	44.13
高 20~40，壁厚 4~6	12.26~17.16	9.81~14.71	34.32~44.13	12.26~17.16	44.13
高 20~40，壁厚 2~4	12.26~17.16	9.81~14.71	39.23~49.03	12.26~17.16	44.13
高 40~60，壁厚 4~6	17.16~22.06	12.26~15.40	49.03~68.65	17.16~22.06	53.94
高 40~60，壁厚 2~4	22.00~26.97	14.71~19.61	58.84~78.45	22.06~26.97	53.94
高 60~100，壁厚 4~6	24.52~29.42	14.71~19.61	—	24.52~29.42	53.94
高 60~100，壁厚 2~6	26.97~34.32	17.16~22.06	—	26.97~34.32	53.94

2. 脱模力的校核

脱模力又称顶出力，指塑件从模具中推出所需要克服的力。压力机的推出力应大于脱模力，脱模力计算公式：

$$F_{脱} = A_1 p_1 \tag{16-3}$$

式中　$F_{脱}$——脱模力（N）；

　　　A_1 ——塑件侧面积之和（m²）；

　　　p_1 ——塑件与型芯的包紧力，一般玻璃纤维取 1.47MPa，木质纤维和矿物填料取 0.49MPa。

3. 闭合高度与开模行程的校核

由于压力机可安装模具的厚度有一定的限制，所以模具的闭合高度 H_m 必须在压力机的最大开距 H_{max} 及最小开距 H_{min} 之间，即

$$H_{max} \leqslant H_m \leqslant H_{min} \tag{16-4}$$

其中

$$H_{max} \geqslant h_s + h_j + h_x + (10 \sim 20\,mm) \tag{16-5}$$

式中　H_m ——模具的闭合高度（mm）；

　　　H_{max}——压机工作台至压板的最大距离（mm）；

　　　H_{min}——压机工作台至压板的最小距离（mm）；

　　　h_s ——上模高度（mm）；

　　　h_x ——下模高度（mm）；

　　　h_j ——塑件高度（mm）。

模具的开模距离如图 16-1 所示。

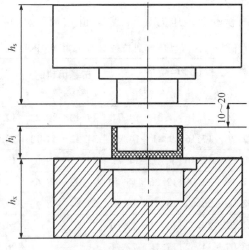

图 16-1　模具的开模距离

4. 压力机顶出装置与模具推出机构的关系校核

固定式压缩塑件一般用压缩机顶出机构驱动模具的推出机构来完成。压缩机顶出机构通过中间接头或拉杆等零件与模具的推出机构相连。所以，模具设计时要对压缩机顶出系统和连接模具推出机构的有关尺寸要非常了解。

设计模具时，模具的推出行程应当小于压力机顶出油缸的最大行程，并能保证塑件高出型腔表面 10～20 mm，以便取出。其关系如图 16-2 及式（16-6）所示。

$$L = h_j + H_j + （10～20\,\text{mm}）\leqslant L_{\max} \tag{16-6}$$

式中　$L_{\max}$——顶出缸的最大行程（mm）；

　　　L　——塑件所需推出高度（mm）；

　　　h_j——塑料件高度（mm）；

　　　H_j——加料箱高度（mm）。

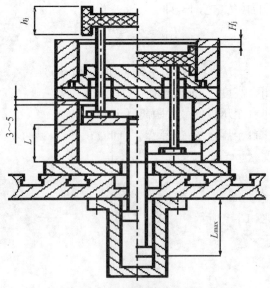

图 16-2　塑件推出行程

5. 压力机的工作台面结构及尺寸和压缩模具安装部分的校核

在设计模具时应根据压力机工作台面结构及规格来确定模具的相应尺寸。模具的外形尺寸应能顺利通过压力机框架之间的距离。模具的最大外形尺寸不应超过压力机工作台面尺寸。以便于模具的安装固定。

压力机的上下工作台间常设有 T 形槽（有交叉开设及水平开设等），模具的上下模板可直接用螺钉分别固定并与压力机上下工作台面的 T 形槽相对应；也可用压板压紧固定，只需设置 15～30 mm 的突台即可。图 16-3 所示为常见压缩模固定形式。图 16-3（a）、（b）为模具上设计固定孔形式，图 16-3（c）、（d）则为压板压紧固定形式。

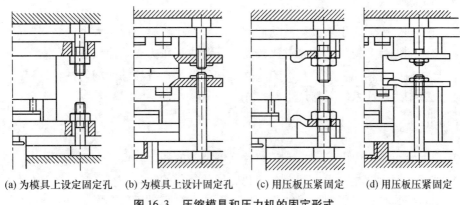

　(a) 为模具上设定固定孔　　(b) 为模具上设计固定孔　　(c) 用压板压紧固定　　(d) 用压板压紧固定

图 16-3　压缩模具和压力机的固定形式

16.1.3　压缩成型原理

1. 压缩成型原理

压缩成型也称模压成型，成型原理如图 16-4 所示。

将塑料原料（颗粒或粉末）加入高温的型腔和加料室中（如图 16-4（a）所示），然后以一定的速度将模具闭合，塑料在热和压力的作用下熔融，并且很快充满整个型腔（如图 16-4（b）所示），之后固化定型，开模取出制品（如图 16-4（c）所示）。

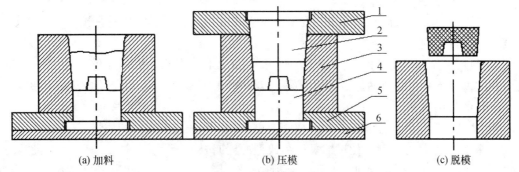

　　　(a) 加料　　　　　　　　　(b) 压模　　　　　　　　　(c) 脱模

图 16-4　压缩成型原理

1—凸模固定板　2—上凸模　3—凹模　4—下凸模　5—下凸模固定板　6—垫板

压缩成型主要用来成型热固性塑料，也可用于成型热塑性塑料。压缩热固性塑料时，塑料在型腔中处于高温、高压的作用下，由固态变为黏流态熔体，并在这种状态下充满型腔，同时塑料发生交联反应，逐步固化，最后脱模得到塑件。

压缩热塑性塑料时，塑料在型腔中处于高温、高压的作用下，由固态变为黏流态熔体，充满型腔，但由于热塑性塑料没有交联反应，模具必须冷却才能使塑料熔体转变为固态，所以模具需要交替加热、冷却之后脱模得到塑件，因此生产周期长、效率低，同时也缩短了模具的使用寿命。故而，只用来成型大平面的塑件、流动性低的塑件或不宜高温注射成型的塑件。

2. 压缩成型的优点

（1）压力损失小，适用于成型流动性差的塑料，比较容易成型大型的塑料制品；

（2）使用的设备及模具结构要求比较简单，对成型压力要求比较低；

（3）与注射成型相比，成型塑件的收缩率和变形小，各项性能均匀性较好；

（4）成型中无浇注系统凝料产生。

3. 压缩成型的缺点

（1）塑件每模溢边厚度不同，因此塑件高度尺寸的精度较低。

（2）难于成型厚度相差太大和带有深孔、形状复杂的制品。

（3）模具内装有细长成型杆或细薄嵌件时，成型时容易压弯变形。

（4）压缩模成型时会受到高温和高压的联合作用，因此对模具材料性能要求较高。有的压缩模在操作时受到冲击震动较大。易磨损，变形，使用寿命较短。

（5）难以实现自动化，加料常为人工操作，劳动强度比较大。模具常需高温加热，原料粉尘飞扬，劳动条件较差，生产效率低。

16.1.4 压缩成型工艺

1. 压缩成型工艺过程

（1）成型前的准备工作

热固性塑料容易吸湿，储存时易受潮，一般在成型前都要对塑料进行预热，有些塑料还要进行预压处理。

① 预热。预热是成型前去除塑料中的水分和其他挥发物，提高压缩时塑料的温度。在一定的温度下，将塑料加热一定的时间，这个时期塑料的状态与性能不发生任何变化。

预热的作用如下。

● 去除塑料中的水分和挥发物，使塑料更干净，保证成型塑件的质量。

● 提高了原料的温度，便于缩短压缩成型的周期。

预热的方法有加热板预热、电热烘箱预热、红外线预热、高频电热等，常用是电热烘箱预热

② 预压。预压是将松散的粉状、粒状、纤维状塑料用预压模在压力机上压成质量一定、形状一致的型坯，型坯的大小以能紧凑地放入模具中预热为宜。

预压的作用如下。

- 加料方便准确。采用计数法加料减少了因加料不准确产生的废品。
- 模具的结构紧凑。成型物料经预压后体积缩小从而减小模具加料腔尺寸，使模具结构紧凑。
- 缩短了成型周期。成型塑料经预压后坯料中夹带的空气含量比松散塑料中的大为减少，模具对塑料的传热加快。缩短了预热和固化时间。
- 便于安放嵌件和压缩精细制品。对于带嵌件的制品，由于预压成型与制品相似或相仿的锭料，便于压缩成型较大、凸凹不平或带有精细嵌件的塑件。
- 降低成型压力。由于压缩率越大，压缩成型时所需的成型压力就越大。采取预压之后，则一部分压缩率在预压过程中完成，成型压力将降低。

由于预压需要专门的压片机，生产过程相对复杂，实际生产中一般不进行预压。

（2）压缩成型过程

压缩成型的工序有安放嵌件、加料、合模、排气、固化、脱模等。

① 嵌件的安放。有金属制成的嵌件和塑料制成的嵌件，在安放时位置要正确牢靠，埋入塑料的部分要采用滚花、钻孔或设有凸出的棱角、型槽等；为防止嵌件周围的塑料出现裂纹，加料前对嵌件进行预热。

② 加料。在模具加料室内加入已经预热和定量的塑料。加料方法有质量法（用天平称量塑料质量）、滴定法（制作专门的定量容器）和计数法（以个数来加料，只用于加预压锭）等。

③ 合模。合模分两步：在型芯尚未接触塑料之前，要快速移动合模，借以缩短成型周期和避免塑料过早固化；当型芯接触塑料后改为慢速合模，防止因冲击对模具的破坏。模具完全闭合之后即可增大压力对成型材料进行加热加压。

④ 排气。压缩成型热固件塑料时，为了充分排出成型塑料中的水分和气体。排气可以缩短固化时间，有利于塑件性能和表现质量提高。排气的时间和次数根据实际需要而定，通常排气次数为一次到二次，每次时间为几秒到数十秒。

⑤ 固化。固化是指热固性塑料在压缩成型温度下保持一段时间，分子间发生交联反应从而硬化定型。固化时间取决于塑料的种类、塑件的厚度、形状以及预热和成型温度，一般由 30 秒至数分钟不等。为了缩短生产周期，有时对于固化速率低的塑料，在模外采用后烘的方法使其继续固化。

⑥ 脱模。固化后的塑件一般由模具的推出机构将塑件从模内推出。带有嵌件的塑件应先使用专用工具将它们拧脱，然后再进行脱模。

对于大型热固性塑料塑件，为了防止脱模后可能会发生的翘曲变形，可在脱模之后把它们放在与制塑件结构形状相似的矫正模上加压冷却。

2. 压制后的处理

（1）模具的清理。正常情况下，塑件脱模后一般不会在模腔中留下黏渍、塑料飞边等。如果出现这些现象，可以使用一些比模具钢材软的工具（如铜刷）去除残留在模具内的塑料废边，避免损伤模具内腔并用压缩空气吹净模具。

（2）塑料压缩成型后，通常还需对塑件进行后处理。后处理能提高塑件的质量，使塑件固化达到最佳使用性能。后处理方法和注射成型的后处理方法相同，只是处理的温度有差异，一般处理温度约比成型温度高 10～50℃。

（3）修整塑件。修整包括去除塑件的飞边、浇口，有时还需对塑件进行抛光已达到更高的产品要求。

3. 压缩成型的工艺参数

要生产出高质量塑件，除了合理地设计出模具结构，还要正确选择成型工艺参数。压缩成型的工艺参数主要是指压缩成型的压力、温度和时间。

（1）压缩成型压力

压缩成型压力是指压缩塑件时凸模对塑料熔体和固化时在分型面单位投影面积上的压力，简称成型压力。其作用是迫使塑料充满型腔和使黏流态塑料在一定压力下固化，防止塑件在冷却时发生变形。压缩成型压力的大小可按下式计算：

$$p = \frac{p_b \pi D^2}{4A} \tag{16-7}$$

式中　p——成型压力（MPa），一般为 15～30MPa；

　　　　p_b——压力机工作液压缸表上压力（MPa）；

　　　　D——压力机主缸活塞直径（m）；

　　　　A——塑件与型芯接触部分在分型面上投影面积（m²）。

影响成型压力的因素很多，成型压力的大小可通过调节液压机的压力阀来控制，从压力表上读出。常见热固性塑料压缩成型压力如表 16-2 所示。

表 16-2　常用热固性塑料的压缩成型温度和成型压力

塑料名称	压缩成型温度/℃	压缩成型压力/MPa
酚醛塑料（PF）	146～180	7～42
三聚氰胺甲醛塑料（MF）	140～180	14～56
脲甲醛塑料（UF）	135～155	14～56
聚酯塑料（UP）	85～150	0.35～3.5
邻苯二甲酸二丙烯脂塑料（PDPO）	126～160	3.5～14
环氧树脂塑料（EP）	145～200	0.7～14
有机硅塑料（DSMC）	150～190	7～59

（2）压缩成型温度

压缩成型温度是指压缩成型时所需的模具温度。在压缩成型过程中，塑料的最高温度要比模具温度高，所以成型温度并不等于模具型腔内塑料的温度。

调节和控制模温的原则：保证充模固化定型并尽可能缩短模塑周期。常见热固性塑料压缩成型温度如表 16-2 所示。

（3）压缩成型时间

压缩成型时间是指模具从闭合到开启的这一段时间，也就是塑料从充满型腔到固化成为塑件的时间。

压缩时间与塑料种类、塑件形状、压缩成型工艺（温度、压力）等有关。成型温度越高，塑料固化速度越快，压缩时间也就越短；成型压力大的压缩时间也短，反之亦然。

由于塑件的质量在很大程度上取决于压缩时间，如果压缩时间太短，塑料固化不完全，塑件机械性能差，外观不好，脱模后，塑件容易发生翘曲、变形。压缩时间过长，塑件会过熟，同样会使塑件的力学性能下降。也降低了生产效率。一般的酚醛塑料压缩时间为 1~2min，有机硅塑料 2~7min。表 16-3 为酚醛塑料和氨基塑料的压缩成型工艺参数。

表 16-3　酚醛塑料和氨基塑料的压缩成型工艺参数

工艺参数	酚醛塑料			氨基塑料
	一般工业用[①]	高压绝缘用[②]	耐高频绝缘用[③]	
压缩成型温度/℃	150~165	160±10	185±5	140~155
压缩成型压力/MPa	30±5	30±5	>30	30±5
压缩成型时间/（min/mm）	1.2	1.5~2.5	2.5	0.7~1.0

注：①系以苯酚—甲醛线型树脂的粉末为基础的压缩粉；
　　②系以甲酚—甲醛可溶性树脂的粉末为基础的压缩粉；
　　③系以苯酚—苯胺—甲醛树脂和无机矿物为基础的压缩粉。

由于压缩成型的压力、温度和时间三者是相互关联的，通常在实际生产中一般是凭经验确定三个参数中的一个，再由试验调整其他两个，经过反复的测试才能得出合适的工艺参数。

16.2　压注成型原理与工艺

16.2.1　压注成型设备

压注成型设备有普通液压机和专用液压机。普通液压机和压缩成型使用的设备相同。

（1）普通液压机用压注模。这种液压力机只装备有一个上工作液压缸，用以加压和锁模。用这种压注方法的压注模称为料槽式压注模或罐式压注模。

（2）专用液压机用压注模。这种液压力机装备有两个工作液压缸，液压力机下方主液压缸起锁模作用，液压力机上方辅助液压缸起压注作用。主液压缸和辅助液压缸吨位之比一般在（3~5）:1 之间。用这种压注方法的压注模称为柱塞式压注模。

16.2.2　压注成型工作原理和特点

压注成型又称压铸成型，它是成型热固性塑料制品的常用方法之一。压注成型的原理如图 16-5 所示。

首先闭合模具，把预热的原料加到独立于型腔之外的加料腔内（如图 16-5（a）所示），塑料经过受热塑化，在压料柱塞的作用下，使熔料通过浇注系统高速挤入封闭的型腔（如图 16-5（b）所示），型腔内的塑料迅速固化成型，开模具取出所需的塑件（如图 16-5（c）所示）。

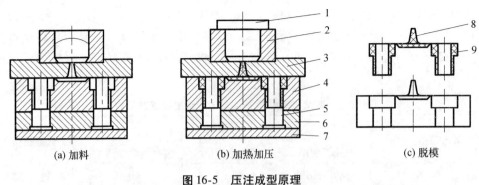

(a) 加料　　　　　　　(b) 加热加压　　　　　　　(c) 脱模

图 16-5　压注成型原理

1—柱塞　2—加料腔　3—上模板　4—凹模　5—型芯
6—型芯固定板　7—下模座　8—浇注系统　9—塑件

压注成型是在吸收注射成型优点的基础上发展起来的，两者有许多相同或相似的地方，但也有其自身的特点。压注成型塑件飞边小；可成型深腔薄壁塑件或带有深孔的塑件，也可成型形状较复杂以及带嵌件塑件，还可成型难以用压缩法成型的塑件，并能保持嵌件和孔眼位置的正确；塑件性能均匀，尺寸准确性好，质量高，模具的磨损情况较轻。

压注成型虽然也具有上述多种优点，但也存在如下缺点：模具结构复杂，制造成本较压制模高；塑料损耗增多；成型压力也比压缩成型时高，压制带有纤维性填料的塑料时，产生各向异性。表 16-4 为生产热固性塑料使用注射、压缩和压注三种成型方法的比较。

表 16-4　注射、压缩和压注三种成型方法比较

成型方法 项目	注射	压缩	压注
成型效率	高	低	较高
成型质量	好	较差	好
飞边厚度	无或较薄	较厚	无或较薄
侧孔成型	方便	不方便	方便
嵌件安放	不方便	较方便	方便
机械化与自动化	易实现	不易实现	不易实现
原材料利用率	低	高	低
塑件翘曲	大	小	大
成型收缩率	大	小	大
长纤维塑料	不能成型	可以成型	可以成型
模具结构	复杂	简单	复杂
塑化	模具加料室内塑化	注射机料筒内塑化	型腔内塑化
浇注系统	有	无	有

16.2.3　压注成型工艺

1. 压注成型工艺过程

压注成型工艺过程和压缩成型工艺过程基本类似，主要区别在于压注成型过程是先加料后合模，而压缩成型过程是先合模后加料。

2. 压注成型的工艺参数

压注成型的工艺参数包括成型压力、成型温度和成型时间等。

(1) 成型压力

成型压力是指压力机压注柱塞对加料腔内塑料熔体施加的压力。由于熔体在通过浇注系统时有一定的压力损耗，故压注时的成型压力一般为压缩成型的 2～3 倍。例如，酚醛塑料粉成型压力常为 50～80 MPa，有纤维填料的塑料成型压力常为 80～160 MPa。成型压力随塑料的种类、模具结构及塑件形状的不同而改变。

(2) 成型温度

成型温度包括加料腔内的物料温度和模具本身的温度。为了保证物料具有良好的流动性，料温必须适当地低于交联温度 10～20℃。模具温度一般要比压缩成型时的温度低15～30℃。

(3) 成型时间

压注成型时间是从加料合模到开模取出塑件，塑料从熔融状态到固化成塑件而在模具中停留的时间。在一般情况下，压注成型时的充模时间为 5～50s，故保压时间较压缩成型时间短。表 16-5 为部分热固性塑料压注成型的主要工艺参数。

表 16-5　部分热固性塑料压注成型的主要工艺参数

塑料	填料	成型温度/℃	成型压力/MPa	压缩率	成型收缩率/%
环氧双酚 A	玻璃纤维	138～193	7～34	3.0～7.0	0.01～0.08
	矿物纤维	121～193	0.7～21	2.0～3.0	0.01～0.02
环氧酚醛	矿物和玻纤	121～193	1.7～21	—	0.04～0.08
	矿物和玻纤	190～196	2～17.2	1.5～2.5	0.03～0.06
	玻璃纤维	143～165	17～34	6～7	0.002
三聚氰胺	纤维素	149	55～138	2.1～3.1	0.05～1.5
酚醛	织物和回收料	149～182	13.8～138	1.0～1.5	0.03～0.09
聚酯（BMC、TMC①）	玻璃纤维	138～160	—	—	0.04～0.05
聚酯（SMC、TMC②）	导电护套料	138～160	3.4～1.4	1.0	0.002～0.01
聚酯（BMC）	导电护套料	138～160	—	—	0.005～0.04
醇酸树脂	矿物质	160～182	13.8～138	1.8～2.5	0.03～0.10
聚酰亚胺	50% 纤维	199	20.7～69	—	0.02
脲醛塑料	α-纤维素	132～182	13.8～138	2.2～3.0	0.06～0.14

注：① TMC 指黏稠状塑料。

　　② 在聚酯中添加导电性填加料和增强材料的电子材料工业用护套。

16.3 挤出成型工艺

16.3.1 挤出机组的组成

一台挤出设备通常由挤出机（主机）、辅机（机头、定型、冷却、牵引、切割、卷取等装置）、控制系统三部分组成，如图 16-6 所示。挤出成型所用的设备统称为挤出机组，主机在挤出机组中是最主要的组成部分。

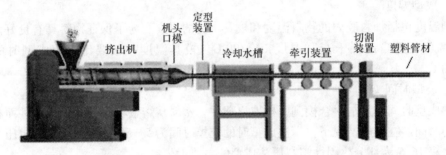

图 16-6　挤出机组的组成

挤出机（主机）

（1）挤出机的分类

塑料挤出机的类型很多，其分类也较多，常用的分类方法有：

① 按挤出方式分为螺杆式连续挤出机和柱塞式间歇挤出机；

② 按螺杆数量分为单螺杆、双螺杆及多螺杆挤出机；

③ 按螺杆转速度分为普通挤出机，转速在 100 r/min 以下；高速挤出机，转速为 300 r/min；超高速挤出机，转速为 300～1 500 r/min；

④ 按装配结构可分为整体式挤出机和分开式挤出机；

⑤ 按螺杆在空间布置不同分为卧式挤出机和立式挤出机；

⑥ 按挤出机在加工过程中排气分为排气式挤出机和非排气式挤出机。

挤出机由挤出系统、传动系统、加热和冷却系统等三部分组成。图 16-7 为卧式单螺杆挤出机结构示意图。

（2）挤出机的组成

① 挤出系统。塑料通过料筒内螺杆挤压被塑化成均匀的熔体，再由螺杆连续地定压、定量、定温地挤出机头。

② 传动系统。传动系统的作用是给螺杆提供所需要的转矩和转速。

③ 加热和冷却系统。通过对料筒和螺杆进行加热和冷却，从而保证成型过程在工艺要求温度范围内完成。

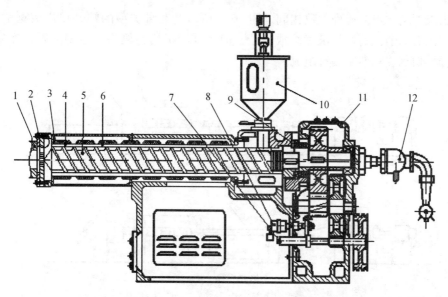

图 16-7　卧式单螺杆挤出机结构示意图

1—机头连接法兰　2—过滤网　3—冷却水管　4—加热器　5—螺杆　6—料筒

7—液压泵　8—测速电动机　9—推力轴承　10—料斗　11—减速器　12—螺杆冷却装置

（3）挤出机的主要技术参数

挤出机的类型有很多，我国生产的塑料挤出机的主要技术参数已标准化。目前，最常用的是卧式单螺杆非排气式挤出机，表 16-6 所示为我国适用较广的单螺杆挤出机主要的参数。

表 16-6　部分国产单螺杆挤出机基本参数（JB 1291—1973）

螺杆直径 /mm	螺杆转速 / (r·min⁻¹)	长径比	电动机功率 /kW	中心高 /mm	产量/ (kg·h⁻¹)	
					硬聚氯乙烯	软聚氯乙烯
30	20～120	15、20、25	3/1	1 000	2～6	2～6
45	17～102	15、20、25	5/1.67	1 000	7～18	7～18
65	15～90	15、20、25	15/5	1 000	15～33	16～50
90	12～72	15、20、25	22/7.3	1 000	35～70	40～100
120	8～48	15、20、25	55/18.3	1 100	56～112	70～160
150	7～42	15、20、25	75/25	1 100	95～190	120～280
200	7～30	15、20、25	100/33	1 100	160～320	200～480

16.3.2　挤出成型辅机

辅机是挤出机组的重要组成部分。主机挤出机的性能对产品的质量和产量有很大影响，但辅机也必须很好地与主机配合才能生产出符合要求的塑件。

辅机的作用是将从机头挤出的初具形状和尺寸的黏流态塑料熔体，在定型装置中定型、冷却得到符合要求的塑件。挤出成型的塑件主要有管材、棒材、薄膜、电线等。根据挤出成型塑件的种类不同，相应的挤出成型机种类也不同，根据所生产的塑件种类，辅机大致有挤管辅机（包括挤出硬管和软管）、挤板辅机、挤膜辅机、吹塑薄膜辅机、涂层辅机、电缆电线包层辅机、拉丝辅机、薄膜双轴拉探辅机和造粒辅机等。

挤出成型基本工艺流程大致相同，图16-8所示为几种类型的塑件挤出成型工艺流程原理图。因而，辅机的种类虽然组成复杂，但各种辅机均由机头、定型装置、冷却装置、牵引装置、切割装和卷取装置组成。

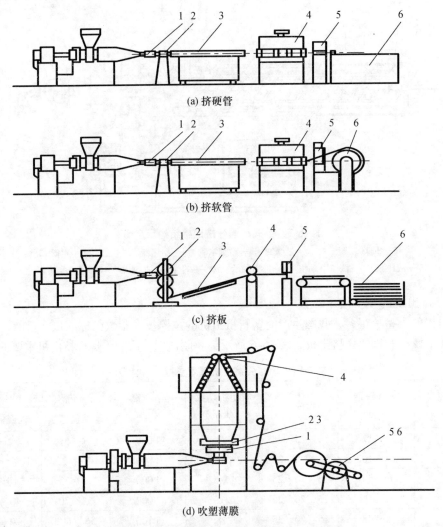

(a) 挤硬管

(b) 挤软管

(c) 挤板

(d) 吹塑薄膜

图16-8　管、板、薄膜挤出成型工艺原理图
1—挤头　2—定型　3—冷却　4—牵引　5—切割　6—卷曲

（1）机头。机头是成型塑件的主要部件，熔融塑料通过机头获得一定的几何截面和尺寸。

（2）定型装置。将机头中挤出的塑件以特定形状稳定下来，并进行调整，从而得到更为精确的截面形状、尺寸和光亮的表面，通常采用冷却和加压的方法达到这一目的。

（3）冷却装置。冷却装置是将定型装置出来的塑料充分冷却固化，获得最终的形状和尺寸。

（4）牵引装置。牵引装置均匀地牵引塑件，并对截面尺寸进行调整，使挤出过程稳定地进行。

（5）切割装置。切割装置将连续挤出的塑件切成一定的长度或宽度。

（6）卷取装置。卷取装置将软制品（薄膜、软管、单丝等）卷绕成卷。

16.3.3　控制系统

塑料挤出机的控制系统包括加热系统、冷却系统及工艺参数测量系统，主要由各种电器、仪表和执行机构（控制屏和操作台）组成。

16.3.4　挤出成型原理和特点

挤出成型又称为挤塑、挤压成型。将粒状或粉状的塑料加入挤出机料筒内加热熔融，使之呈黏流态，利用挤出机的螺杆旋转（柱塞）加压，迫使塑化好的塑料通过具有一定形状的挤出模具（机头）口模，成为形状与口模相仿的黏流态熔体，经冷却定型，借助牵引装置拉出，使其成为具有一定几何形状和尺寸的塑件，经切断器定长切断后，置于卸料槽中。

挤出成型是塑料产品的加工中常用的成型方法之一，在塑料成型加工生产中占有很重要的地位。挤出成型主要用于热塑性塑料的成型，也可用于某些热固性塑料。

塑料挤出成型与其他成型方法相比较（如注射成型、压缩成型等）具有以下特点：挤出生产过程是连续的，其产品可根据需要生产任意长度的塑料制品；模具结构简单，尺寸稳定；生产效率高，生产量大，成本低，应用范围广，能生产管材、棒材、板材、薄膜、电线电缆、异型材等。目前，挤出成型已广泛用于日用品、农业、建筑业、化工、机械制造、电子、国防等部门。

16.3.5　挤出机机头的结构

挤出管材塑件时，常用机头的结构为薄壁管材的直通式机头、直角式机头和旁侧式机头。

直通式机头如图 16-9 所示，结构简单，容易制造，但是熔体经过分流器和分流器支架时，形成的熔接痕不容易清除。

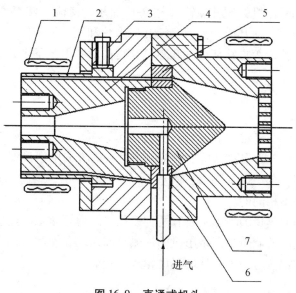

进气

图 16-9　直通式机头

1—加热器　2—口模　3—调节螺钉　4—芯模　5—分流器支架　6—机体头　7—分流器

　　直角式机头如图 16-10 所示，塑料熔体围绕芯棒流动时，只是产生一条分流痕迹，适用于管材要求高的成型。直角式机头的优点是熔体的流动阻力小、熔料流动稳定、生产效率高、成型质量高，但其结构较直通式机头复杂。

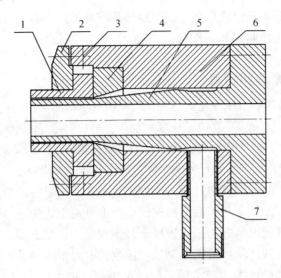

图 16-10　直角式机头
1—口模　2—压环　3—调节螺钉　4—口模座　5—芯模　6—机体头　7—机颈

16.3.6　挤出成型的工艺

1. 挤出成型的工艺过程

挤出成型过程可分为如下三个阶段：
（1）塑化。在挤出机上进行塑料的加热和混合，使固态塑料转变为均匀的黏性流体。
（2）成型。利用挤出机的螺杆旋转（柱塞）加压，使流态塑料通过具有一定形状的挤出模具（机头）口模，使其成为具有一定几何形状和尺寸的塑件。
（3）定型。通过冷却等方法使熔融塑料已获得的形状固定下来，成为固态塑件。

2. 挤出成型工艺参数

（1）温度
塑料加入料斗从固态（粒料或粉料）到黏流态，再从黏流态成型为塑件会经过复杂的温度变化过程。图 16-11 为聚乙烯挤出成型时，沿料筒方向的温度变化情况，曲线反映出物料从粒料（或粉料）转变为黏流态的过程。从中可以看出，料筒方向各点物料温度、螺杆温度和料筒温度是不相同的。
　　物料在挤出过程中热量的来源主要有两种途径，即剪切摩擦的热量和料筒外部加热器提供的热量。而其温度的调节是由挤出机的加热冷却系统和控制系统进行的。不向物料和不同塑件的挤出过程都应有一条最佳的温度轮廓曲线。

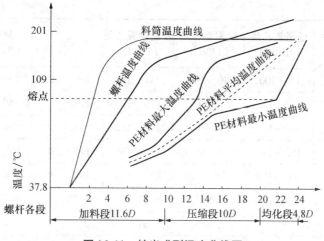

图 16-11　挤出成型温度曲线图

图 16-11 所示的温度曲线是 PE 材料挤出过程中温度的宏观表示。由于物料的温度测量较为困难，所测得的曲线反映出的只是料筒的温度，螺杆的温度曲线比料筒的温度曲线低，而比物料温度曲线高。实际上即使是稳定挤出过程，其温度相对时间也是一个变化的值，这种变化有一定的周期性。

（2）压力

在挤出过程中，由于螺槽深度的改变，料流的阻力，分流板、滤网和口模等所产生的阻力沿料筒轴线方向会在塑料内部有一定的压力。这种压力是塑料熔融、均匀密实、挤出成型的重要条件之一。压力也会随着时间发生周期而波动，这对塑件质量同样有不利影响，所以应尽可能减少这种压力波动。

（3）挤出速率

挤出速率是指单位时间内从挤出机口模挤出的塑料质量（单位为 kg/h）或长度（单位为 m/min），其数值大小体现出挤出机生产率的高低。影响挤出速率的因素有机头阻力、螺杆与料筒结构、螺杆转速、加热冷却系统和物料的特性等。但挤出速率主要取决于螺杆的转速，直接影响到制品的质量和产量。提高螺杆转速可以提高产量，但过高的转速会造成塑化质量变差。

实践表明，温度、压力、挤出速率都存在波动现象，但三者之间并不是孤立的，而是互相影响的。为了保证塑件质量，应正确设计螺杆、控制好加热冷却系统和螺杆转速稳定性，以降低参数波动。表 16-7 列出了几种塑料管材的挤出成型工艺参数。

表 6-7　几种塑料管材的挤出成型工艺参数

塑料名称 管材工艺参数	硬聚氯乙烯 （HPVC）	软聚氯乙烯 （LPVC）	低密度聚乙烯 （LDPE）	ABS	聚酰胺 （PA1010）	聚碳酸酯 （PC）
管材外径/mm	95	31	24	32.5	31.3	32.8
管材内径/mm	85	25	19	25.5	25	25.5
管材壁厚/mm	5±1	3	2±1	3±1	—	—

续表

塑料名称 管材工艺参数		硬聚氯乙烯 （HPVC）	软聚氯乙烯 （LPVC）	低密度聚乙烯 （LDPE）	ABS	聚酰胺 （PA1010）	聚碳酸酯 （PC）
机筒温度/℃	后段	80～100	90～100	90～100	160～165	250～200	200～240
	中段	140～150	120～130	110～120	170～175	260～270	240～245
	前段	160～170	130～140	120～130	175～180	260～280	230～255
机头温度/℃		160～170	150～160	130～135	175～180	220～240	200～220
口模温度/℃		160～180	170～180	130～140	190～195	200～210	200～210
螺杆转速/（r·min⁻¹）		12	20	16	10.5	15	10.5
口模内径/mm		90.7	32	24.5	33	44.8	33
芯模外径/mm		79.7	25	19.1	26	38.5	26
稳流定型段长度/mm		120	60	60	50	45	87
拉伸比		1.04	1.2	1.1	1.02	1.5	0.97
真空定径套内径/mm		96.5	—	25	33	31.7	33
定径套长度/mm		300	—	160	250	—	250
定径套与口模间距/mm		—	—	—	25	20	20

注：稳流定型段由口模和芯模的平直部分构成。

16.3.7　挤出成型新工艺

随着挤出成型制品的种类不断出新，挤出成型的新工艺也不断进步，其中主要有反应挤出工艺、固态挤出工艺和共挤出工艺。

1. 反应挤出工艺

反应挤出工艺是一种新技术，是连续地将单体聚合并对现有聚合物进行改性的一种方法，因其聚合物性能的多样化、功能化且生产连续、工艺操作简单和经济适用从而普遍受到重视。该工艺最大的特点是将聚合物的改性、合成与聚合物加工这些传统工艺中分开的操作联合起来，节约加工中的能耗；避免了重复加热；降低了原料成本；在反应挤出阶段，可及时调整单体、原料的物性。

2. 固态挤出工艺

固态挤出工艺指使聚合物在低于熔点的成型条件下被挤出口模。固态挤出一般使用单柱塞挤出机。挤出时口模内的聚合物发生很大的变形，使得分子严重取向，其效果远远大于熔融加工，从而使得制品的力学性能有很大提高。固态挤出有直接固态挤出和静液压挤出两种。

3. 共挤出工艺

共挤出工艺由两台以上挤出机完成，可以增大挤出制品的横截面积，组成特殊结构和不同颜色、不同材料的复合制品，获得最佳性能的制品。

16.4　习　　题

问答题

（1）塑料常用成型方法有哪些?

（2）简述压缩成型原理。

（3）简述压缩成型过程。

（4）简述压缩成型时塑件的质量与压缩时间的关系。

（5）简述压注成型原理。

（6）简述压注成型过程。

（7）简述挤出机的组成。

（8）简述挤出机头的结构组成。

参考文献

1. 杨占尧. 模具设计与制造 [M]. 北京：人民邮电出版社，2009.
2. 齐卫东. 简明塑料模具设计手册 [M]. 北京：北京理工大学出版社，2008.
3. 肖爱民，戴峰泽，袁铁军. Pro/E 注塑模具设计与制造 [M]. 北京：化学工业出版社，2008.
4. 谢昱北. 模具设计与制造 [M]. 北京：北京大学出版社，2005.
5. 刘朝福. 模具设计实训指导书 [M]. 北京：清华大学出版社，2010.
6. 刘彦国. 塑料成型工艺与模具设计 [M]. 北京：人民邮电出版社，2009.
7. 谭雪松. 塑料模具设计手册 [M]. 北京：人民邮电出版社，2007.
8. 吴传山. 注塑模具设计实例教程 [M]. 大连：大连理工大学出版社，2009.
9. 滕红春. 模具设计技能训练 [M]. 北京：电子工业出版社，2010.
10. 杨占尧. 塑料注射模结构与设计 [M]. 北京：高等教育出版社，2008.
11. 铭卓设计. UG NX 6 模具设计实例详解 [M]. 北京：清华大学出版社，2009.